中国风景园林学会规划设计专业委员会
中国风景园林学会信息委员会　编
中国勘察设计协会风景园林与生态环境分会

风景园林师 2022 上

中国风景园林时代印记和精品实录

中国建筑工业出版社

审图号：GS京（2022）1486号

图书在版编目（CIP）数据

风景园林师：中国风景园林时代印记和精品实录．
2022．上／中国风景园林学会规划设计专业委员会，中
国风景园林学会信息委员会，中国勘察设计协会风景园林
与生态环境分会编．－－北京：中国建筑工业出版社，
2022.9
ISBN 978-7-112-27959-3

Ⅰ．①风… Ⅱ．①中…②中…③中… Ⅲ．①园林设
计－中国－图集 Ⅳ．① TU986.2-64

中国版本图书馆 CIP 数据核字（2022）第 174357 号

责任编辑：郑淮兵 杜 洁 兰丽婷
责任校对：王 烨

风景园林师 2022 上

中国风景园林时代印记和精品实录

中国风景园林学会规划设计专业委员会
中 国 风 景 园 林 学 会 信 息 委 员 会 编
中国勘察设计协会风景园林与生态环境分会
*
中国建筑工业出版社出版、发行（北京海淀三里河路 9 号）
各地新华书店、建筑书店经销
北京富诚彩色印刷有限公司印刷
*
开本：880 毫米 ×1230 毫米 1/16 印张：10¼ 字数：300 千字
2022 年 12 月第一版 2022 年 12 月第一次印刷
定价：99.00 元
ISBN 978-7-112-27959-3
　　　（39907）

风景园林师
Landscape Architects

风景园林师
三项全国活动

●举办交流年会：
（1）交流规划设计作品与信息
（2）展现行业发展动态
（3）综观市场结构变化
（4）凝聚业界历练内功
●推动主题论坛：
（1）行业热点研讨
（2）项目实例论证
（3）发展新题探索
●编辑精品专著：
（1）举荐新优成果与创作实践
（2）推出真善美景和情趣乐园
（3）促进风景园林绿地景观协同发展
（4）激发业界的自强创新活力
●咨询与联系：
联系电话：
010-58337201
电子邮箱：
34071443@qq.com

编 委 名 单

contents

目 录

contents

contents

风景园林与生态文明，美丽中国

中国城市建设研究院有限公司 / 李金路

发展论坛

在社会快速转型、经济高速发展、城市化急速推进中，风景园林也面临着前所未有的发展机遇和挑战，众多的物质和精神矛盾，丰富的规划与设计论题正在召唤着我们去研究论述。

引言

放眼世界，国际上正在发生"百年未有之大变局"；回首中国，在"生态文明，美丽中国"战略目标背景下的国内行政体制改革后，风景园林的专业领域也从原来的一个部门主管，转变为与多部门的职能空间交织。作为协调人与自然关系、支撑人居环境的核心学科之一，风景园林应当对新发展形势下的专业定性定位、空间领域、发展趋势和方法特点等进行研究分析，以人居环境塑造为中心，以风景资源的保护与利用为引导，为全社会提供丰富多样的生态修复、风景审美、园林景观、文化教育、休闲娱乐等复合型服务产品，满足人民群众对日益美好生活的向往。在促进"生态文明，美丽中国"的伟大工程建设中，风景园林必将大有作为。

一、生态、文明与美丽的概念和关系

所谓"生态"是指国土自然生态系统，其保护目标是通过划定生态红线、建立自然保护地体系来实现的；所谓"文明"泛指人类创造的物质和精神财富综合，尤其是指城市形态的文明，是通过新型城镇化为路径的经济社会可持续发展来实现；所谓"美丽"是指审美启智的名山大川、如诗如画的田园风光和赏心悦目的人居环境，是通过风景资源保护、乡村风貌保护和因地制宜的人居环境景观审美塑造来实现的。生态、文明与美丽既有对立，也有统一。生态健全不一定美丽，美丽的地区不一定文明发达，而风景园林是协调三者最佳效益的有效专业手段。

所谓"生态文明"可以理解为：生态与文明的相辅相成和有机互动，实现二者兼得，也是联合国"环境与发展"的主题，包括在"文明"实现可持续发展前提下实现"碳达峰、碳中和"的目标。所谓"美丽中国"可以理解为：视觉美丽 + 功能协调，包括美丽国土、美丽乡村和美丽城镇之全部。管子曰："人与天调，然后天下之美生"，即在人与自然关系和谐的前提下，才有可能产生天地之美；费孝通先生将动词的美和名词的美统筹起来：各美其美，美人之美；美美与共，天下大同。可见美之魅力可以由外表美丽内化到关系和谐，乃至实现社会大同。

虽然对应生态文明、美丽中国之需求，会有许多行业和学科分别支撑，但能够同时提供"既生态，又文明，且美丽"的综合性的服务，做到"既哲学，又科学，且艺术"的跨学科兼顾，风景园林当仁不让！虽然各地方和部门、各专业和学科都在以自己理解的生态和文明概念开展了实践探索，但对于"美丽"这样的如诗如梦般的词汇，则难以量化实施。如果不能把"美丽"落实到国土空间的各个层次，则"美丽中国"战略必然流于空泛的抒情层面。建设一个系统全面、生态健康的美丽中国目标，更是风景园林的特长所在。

从生态保护与经济发展的角度看，我国形成了以经济社会发展为目标，以城镇空间为核心，以农业空间为外围，以自然生态保护为本底的功能区划体系。从以人民为中心的角度看，形成了目前以占国民人口 64% 的城市和 34% 的乡村居住人口，以及节假日成百上千万的旅游流动人口为特征的服务人群体系。并以此构成了全国生态保护、文明发展和建设美丽国家的责任目标框架。

按照中共中央办公厅、国务院办公厅印发的《关于在国土空间规划中统筹划定落实三条控制线的指导意见》，"针对三条控制线不同功能，建立健全分类管控机制"，必然导致各类空间中的生态属性、文明类型、服务人群和美丽品质构建等方面，彼此关联，各有侧重。但如果各类空间的主管部门各行其是，生态、文明与美丽之间缺乏协调，就难以做到优势互补、资源共享，而在各类国土空间、文明类型和服务人群不同层面的需求中，风景园林可以分别施展专业特长，和谐彼此的关系。

风景园林必将从人与自然的关系、物质环境与精神文化的关系、自然与文化遗产保护与利用、宜居环境改善和生活品质提升等方面，以及从中华传统的山水园林文化的传承和发展等方面，协调生态、文明与美丽的多样关系，整合引领国家社会生活的和谐发展。

二、风景园林协调三者关系

到 2050 年，中国要"建成富强民主文明和谐美丽的社会主义现代化强国，美丽中国目标基本实现"，其中的生态、文明与美丽如何分解到今后 30 年的时间和相关的职能空间中？如何做到因地保护、因时而美、因人服务？风景园林应结合各体制改革后的职能定位进行分析分解。

（一）山水文化，大美国土

风景园林在生态空间中的风景名胜区等自然保护地规划，在农业空间中的乡村景观建设和产业调整，在城镇空间人居环境改善、城镇绿地系统和园林景观设计等方面，都具有深厚的文化和技术背景。风景园林学科综合了自然和人文学科，有利于构建节约资源和保护环境的生产、生活、生态空间布局。

在国土空间规划中，风景园林应当促进、补充国土美学价值的"第三评价"，包括大到历史文化，小至乡愁记忆的有形空间，也包括无形文化遗产区域和柔性审美的风景、风水、风情、风俗等精神层面价值内容。目前"生态承载力评价"和"开发适宜性评价"的"双评价"工作，确保了生态保护与开发建设的"务实"评价基础，但是仍缺少对美丽国土、魅力空间、人文精神和游憩活动的哲学、美学和游憩层面的"务虚"评价。而留白务虚、向虚求实，是中华民族传统的人数论。

在生态空间中，"要切实加大生态系统保护力度，实施重要生态系统保护和修复工程，……加快建立以国家公园为主体的自然保护地体系"。自然保护地总体上属于原生的自然生态系统，风景园林应促进"生态文明，美丽中国"战略下的生态保护和修复，保护和传承中国独具特色的山水文化，努力实现"美丽国土"的保护和培育目标。中国约

1000 处的风景名胜区就是大美国土的精华和代表，是自然和文化遗产的有机结合，是"美丽中国"的榜样和示范。

生态空间中所服务的人群"两极分化"，包括自然保护地中的少量原住人口和节假日激增的大量旅游人口。风景园林既要为自然保护地中的原住民的脱贫致富、就业发展服务，也要为城镇居民到自然风景中的旅游休闲提供接待服务，需要协调好二者的关系，满足人民群众对美好生活的向往。

作为"人的自然化"和"自然的人化"的纽带，风景园林不仅仅要协调原住民、游人与自然生态环境的关系，而且要传承、弘扬中国特色的山水文化，让国民有更多的机会在国家公园中进行生态教育、在自然公园中开展旅游休闲、在荒野中享受探索体验，有助于实现人们向往自然、回归自然的理想，体验人与自然的和谐之美。

（二）乡村文化，美丽田园

当前，我国最大的发展不平衡是城乡发展不平衡，最大的发展不充分是农村发展不充分。风景园林在整合农业空间，在服务农民领域，在提升农村生活品质方面，在发展农村社会事业、公共服务、农村文化和乡村治理，指导农村特色产业、休闲农业和乡镇人居环境建设等方面，拥有特殊的专业切入点，拥有良好的学科基础和统筹的优势。

从原始农业时代，人类历史上开始了对自然生态系统的第一次大改变，即驯化植物，人工栽种。相比生态空间的自然生态系统和城镇空间的人工生态系统而言，农业空间是人与自然之间的田园牧歌生活、田园风光景观、田园农耕方式。农业空间的农田农村生态系统，相对于生态空间的原生自然和城镇空间的人工自然而言，它属于半人工、半自然的生态系统。风景园林应当促进"生态文明，美丽中国"战略下的农田生态系统和乡村文化保护，实现构建田园风光的"美丽乡村"目标。

农业空间中的两类人群呈现出"一减一增"的趋势：一是分散聚居了全国 1/3 以上的乡村人口在持续的城市化过程中仍在逐渐减少，但预测到城市化后期仍将有 25% 的人口生活在农村，风景园林必须关注这 3.5 亿农民的美好生活；二是乡村属于城镇聚居的早期形态，农耕生活对大多数市民来说是刚过去不久的乡愁记忆。由于城市的人居环境恶化，以及"性本爱丘山"的本能，大量城市居民必然从生理上和心理上，产生回归乡村，体验乡村生活，甚至叶落归根的强烈需求。塑造修复好国民心中理想的"桃花源"，保护构建好田园牧歌风光，

迎接城里人的农耕体验，风景园林都义不容辞。

面对全国近1.5万个乡、70万个行政村的乡村振兴，风景园林应当在促进乡村的生产、生活、生态的优化方面作出独特贡献：优化产业结构，吸引人才聚集回归；优化人居环境，承传乡土文化；优化产业结构，塑造田园风光，服务市民的周末休闲游憩。挖掘乡村的历史文化，整合山水林田湖草沙，构筑乡镇村庄家庭美好生活，实现望山见水，乡愁记忆。

（三）城市文明，美丽城镇

城镇是人类文明的主要载体，风景园林在城镇空间中，可以积极协调人与自然的关系，平衡生态与文明的关系；可以在积极促进节能减排、优化城镇居民的生活方式、将垃圾填埋场园林景观化、工业废弃地修复利用、海绵城市的雨水资源化利用、缓和人与自然的矛盾破解环境与发展难题等方面，都可以作出独特的贡献。

城镇空间比其他国土空间要承担更艰巨的支撑经济社会发展以及构建宜居、宜业、宜游的人居环境建设责任。城镇空间土地资源紧张，人口高度密集，各种发展利益和环境矛盾交织在一起。从全球来看，城市占地不到2%，消耗了全球78%的能源，产生了78%的碳排放、60%的居民用水；从中国来看，占国土面积1%的城镇空间里，高度聚集了全国64%的人口（预测城市化末期将达到75%）和第二、第三产业的生产活动，是GDP生产的核心，也是垃圾产生的主体区域。

工业化实现了人类对自然的"改天换地"，是对自然生态系统的第二次大改变。城镇空间的人工生态系统是脱离了生态空间原生自然、远离了农业空间半人工半自然后的人工自然，即各类生产实践活动形成的人化自然物。因此，城镇空间中人居环境追求的最高目标成为"居城市而享山林之乐"。城市园林绿化作为人工环境中的生命系统，构建了城市生态基础设施、城市生物多样性和市民回归自然的精神家园，其中包括了真实的自然、艺术的自然和意象的自然。风景园林应当促进"生态文明，美丽中国"战略下的"文明"建设，实现"美丽城镇"保护、修复和建设的目标。

城镇是人居环境的核心和安全健康的基础，风景园林在城镇空间中，为居民提供高品质的生态景观和精神文化等日常服务。我国现有近9亿人口（约占全国总人口的64%）、未来将有近11亿人口（约占75%）生活在城镇中。在一个以人为中心的综合体中，风景园林既是基础设施，又是上层建筑；它既属于绿色生态，又属于精神文化。风景园林应当科学合理地协助建设人工自然，从市民身心回归自然的需求角度，整合城市蓝绿空间，统筹地区历史文化，通过绿地系统协调人与自然的精神情感和人工城市与自然生态的关系，实现生态修复、游憩娱乐、园林景观、文化教育和防灾避险等功能协调，缓解环境压力，构建以人为本的适老宜幼的居住环境，使城镇人居环境"虽由人作，宛自天成"。要在"衣食住行"已经充分实现的基础上，实现人民群众在日常环境中对美好生活的向往。在城镇空间里一味强调纯粹自然的生态构建，或者绝对地抒发设计师的艺术情怀，或者过度追求抽象的精神意境，都是有失偏颇的。

三、风景园林，系统作为

（一）生态空间

风景园林应当坚守尊重自然、顺应自然、保护自然的理念，弥补国土空间评价中精神属性的"第三评价"，防止丧失了中国传统文化对国土环境钟灵毓秀、人杰地灵的独特认知方法。例如中国古代的五岳四渎、名山风景的价值评估体系。这些都是中华民族的精神灵气载体，也是保护、造就中华英才的空间基础。在生态空间里要保护好原生自然，保护好风景资源的原真性、奇特性、完整性，保护、展示好大美国土；要做到风景资源的保护和利用相结合，服务好保护地中逐渐减少的原住民和日益暴增的国内外游人，为国民开展自然研究、风景旅游、资源培育、荒野探险、山水文化的传承弘扬和精神享受，提供资源保护、展示和利用的服务。切忌将生态空间城市化、商业化和人工化，切忌把自然风景环境城市公园化，建成吃喝玩乐综合体。

（二）农业空间

风景园林除应保护少量传统村落中接近原生自然的"风水林"外，还应保护和构建具有田园风光特色、生产与生活结合的半人工自然。在被简化的生态系统中，保留、增加乡村的生物多样性和景观多样性。要用历史文化和乡愁情怀，整合山水林田湖草，构建田园乡村美好生活，实现乡村生活的诗意栖居。针对每一个村庄，要保留村落肌理，留住老村神韵和乡愁记忆，满足外来游客对农耕文化体验和乡村文化旅游的需求；要建设好新村的乡土味，满足村民的发展需求，营造现代舒适宜居环境。"大疫止于乡野"，在必要时把乡村建成城市之外的避疫场所。风景园林更适合于探索中国乡村现

序	功能空间	生态与文明	生态特征	核心保护和开发空间规模	服务人群和时空特点		风景园林师职责
1	生态空间：生态、生活、生产顺序	自然生态山水文化	原生自然地最广而人最稀	自然保护地占国土空间的18%。其中风景名胜区占国土的2.02%（2012年统计）	自然保护地中少量原住民、外来游人	远距离、节日长假期使用	保护人天和谐的大美国土，资源保护与利用协调
2	农业空间：生产、生活、生态顺序	农业生产乡村文化	半人化自然人地适中	耕地19亿亩，约占国土13.2%；70万个村庄；村庄用地21.9万km²，约占0.23%	占全国人口36%（5亿人）的农民、外来游人	近距离、周末短假期使用	构建秀美田园风光，追求人地和谐的农耕生活
3	城镇空间：生活、生产、生态顺序	宜居生活城市文明	人工自然地最窄而人最稠	684个城市，近2万个镇，10.35万km²城镇用地，约占国土的1%	占全国人口64%（9亿人）的居民、外来游人	身边就近、日常生活使用	构建绿地系统，建设心灵回归的精美园林景观

注：1. 土地数据源于2021年的"第三次全国国土调查"数据。

    2. 人口数据为2021年统计结果。据专家预测：2035年中国城乡人口之比将达到75:25左右。

代化的特色之路。切记用城里人的品味建设乡村，造成"雅得那么俗"，导致外表多样、品味单一的新"千篇一律"。切忌城里人代替农村人发现农村、思考农村、治理农村。

（三）城镇空间

风景园林应当科学地协调、建设好城镇这个特殊的人工自然——国民聚居的生活空间和第二、第三产业集中的生产空间，使之有机衔接城镇周边的乡村田园。在城镇中不可能再造原生自然，在城市用地中建设所谓的"城市森林"绝不可能是森林生态系统，而只是"城市树林"。城镇建设要力争生态与文明之熊掌和鱼翅兼得，用中国风景园林思想规划建设的城镇力争"既生态，又文明"；既是物质生态财富，又是精神文化享受。城镇人居环境的高目标是构建"上有天堂，下有苏杭"的千年遗产城市，中目标是营造诗意栖居的园林城市，低目标是布局开窗见绿、出门进园的宜居城市。要用"外师造化，中得心源"的思想和"虽由人作，宛自天开"的手法，统筹实现生态、游憩、景观、文教、防灾等复合功能，要让中国人享受在自己的精神文化家园——中国园林中，切忌生活在貌似现代化，实际西化的环境之中。

人创造环境，环境也创造人。风景园林构建的诗意栖居、如画如梦环境也会陶冶居民的身心气质，滋养居民的精气神，促进人的本质发展。

（四）分类服务

风景园林应当针对三类空间特征、保护三类自然、构建三种文明（文化）、营造三种美丽、服务三类人群，为"生态文明，美丽中国"战略作出独一无二的贡献。

风景园林实践要从"大地景物、城市绿地系统和传统园林"三个层次，进一步到拓展到的生态空间、农业空间和城镇空间的三类空间，覆盖全部国土，服务全体国民。保护和修复原生生态系统，农耕田园半人工、半自然生态系统和城镇人工生态系统；传承和发展传统的中国山水文化、风情浓郁的乡村文化和丰富厚重的城市文化；针对性地服务国内外游人、乡村农民和城镇居民三类人群，分别实现大美国土、秀美田园和精美人居环境三种美丽，进而促进"美丽中国"的全面整体实现。

生态、文明与美丽的内涵关系中隐约对应着自然、人与城市、人与自然和谐诸多层次的天人关系。尊重自然、顺应自然、保护自然、利用自然、修复自然、回馈自然，构建生态多样性、文化多样性、景观多样性、美丽多样性、服务产品多样性，这正是风景园林的核心价值和特长所在。

北京市公园分类分级管理研究思考

北京景观园林设计有限公司／葛书红

提要： 为建立完善的公园服务保障体系，研究探索了基于公园分类分级的差异化管理服务对策，以适应首都新时代公园功能承载和高质量发展要求。

引言

城市中公园绿色空间的规模、品质和服务效能，是衡量一座城市环境水平和人民群众幸福感的重要指标，便捷、舒适、优美的公园绿色活动空间能够满足人民群众多元化的休闲游憩、健身及文化娱乐需求。公园游憩服务体系也是城市公共服务体系的重要组成部分，应当在民生视角下，以人民群众最关心的问题为导向，健全制度体系，完善政策法规，构建在布局层面均衡合理、在服务层面优质均等、在发展层面差异多元的公园游憩服务体系。

经过多年发展，北京市逐步建立起城乡融合发展、空间结构清晰、资源特征鲜明的多元化、多层级、系统化的公园绿地游憩体系，公园绿地总量和类型不断增加，人均公园绿地面积达到 16.2m²，公园绿地 500m 服务半径覆盖率 77%[1]，建成各类公园总量千处以上，这些公园绿地保证了城乡居民最大限度地享受到绿色均等化服务。随着首都公园事业的发展以及人民群众对优质公共生态产品需求的不断提升，北京市的公园管理服务需要基于公园类型、等级、资源条件、功能承载、区位分布的不同，深入研究制定差异化的管理服务标准和要求，以应对千处公园管理服务在管理模式、资金标准、设施配套、服务内容等方面存在的不同问题和需求。

一、北京市公园游憩体系特征及管理服务概况

（一）空间分布及发展特征

为遏制城市"摊大饼"式无序蔓延，北京市坚持"分散组团式"城市布局，由中心城区、城市副中心以及其他 10 座新城构成多中心集团式布局，各功能组团及集建区之间由各类功能性廊道、绿化隔离地区以及外围平原、山区的生态基底相隔相联。公园游憩体系随着城市空间结构的发展而发展，在空间分布上呈现出圈层化和多组团的发展特征，分别满足不同区域的城乡居民和游客日常、郊野、假日等不同层次的多元化休闲游憩需求（图 1）。

1. 建设用地范围内

城镇建设用地范围内的公园分布在中心城区、城市副中心、各新城及镇乡集中建设用地范围内。总体而言，中心城区公园建设发展历史悠久，类型多样，在首都公园事业发展和功能承载方面具有核心地位；城市副中心及各新城公园建设虽然整体起步较晚，但是发展迅速，成效显著，特别是一些新

图 1　北京市公园游憩体系分布特征示意图

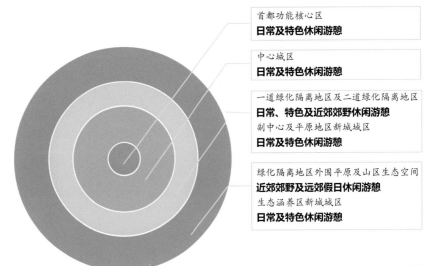

首都功能核心区
日常及特色休闲游憩

中心城区
日常及特色休闲游憩

一道绿化隔离地区及二道绿化隔离地区
日常、特色及近郊郊野休闲游憩
副中心及平原地区新城城区
日常及特色休闲游憩

绿化隔离地区外围平原及山区生态空间
近郊郊野及远郊假日休闲游憩
生态涵养区新城城区
日常及特色休闲游憩

图1

---

1 《北京市园林绿化专项规划（2018 年—2035 年）》。

游憩层次与需求对照表 表1

游憩层次	游憩特点与需求	对应公园	对应人群
日常休闲游憩	一般为半天内短时休闲，人群及活动时段相对固定。公园应具有良好的可达性，配套设施及活动场地配置应与公园定位、规模相匹配	各类城镇公园、乡村公园	社区公园、游园主要服务周边社区居民及周边工作人群；综合公园可满足周边社区及更远范围内不同年龄段游人的日常基本休闲游憩及拓展休闲游憩活动
特色休闲游憩	在基本休闲游憩功能基础上，针对不同专类特色的休闲游憩。公园应具有鲜明的主题特色和相应的服务品质	专类公园、历史名园	本市居民及国内外游客，其中，本市居民包括周边社区基本休闲游憩人群及市区特色休闲游憩人群
近郊郊野休闲游憩	一般为周末或假日、游览时间半天以上的近郊郊野型休闲游憩活动，包括亲子游、家庭游、朋友聚会、团建等游览方式。公园应具有良好的自然环境及野趣，提供郊野游憩空间以及停车、休息、售卖、运动等必要服务	郊野公园、自然公园	主要包括本市区居民及京津冀协同发展区域不同层次居民
远郊假日休闲游憩	周末或假日、游览时间一天及以上的远郊型休闲游憩活动。公园具有自然及人文资源优质、环境优美的特征，应统筹兼顾生态保护、科学研究及休闲游憩多种功能	自然公园	本市居民及国内外游客

城，利用自然资源、用地条件及政策优势，建设起一批效益综合、特色鲜明、品质优秀的大型公园；大多数乡镇也建有自成体系的公园游憩绿地，以满足镇区居民日常休闲游憩。

2. 建设用地范围外

从两道绿化隔离地区看，2007年，一道绿化隔离地区（以下简称"一绿地区"）在生态林地建设成果的基础上启动实施以郊野公园为主要内容的"公园环"建设，随着一绿地区的快速城市化进程以及北京市新总规"城市公园环"功能定位的提出，一绿地区公园在相关政策的支持下正在逐步完善功能品质，以达到城市公园的服务承载要求，截至2020年底，一绿地区"百园"形态已基本建成；二道绿化隔离地区自21世纪初启动建设实施以来，已建成40余处大型郊野公园以及大规模的景观生态林和绿色通道林，新总规提出的"郊野公园环"绿色空间结构形态初具，生态及游憩两大核心功能正在凸显。

除绿化隔离地区以外，平原及山区的生态空间依托优质自然资源和人文资源，分布着大量自然保

护地体系下的森林公园、湿地公园、地质公园和风景名胜区，是北京市公园游憩资源的重要特色和展示窗口，为全市居民及外来游客提供郊野休闲和自然体验服务。

（二）公园游憩体系及游憩需求特征

1. 公园游憩体系

按照区位分布、功能承载和资源属性的不同，北京市公园游憩体系主要由城乡公园和自然公园两大系统构成，通过绿道系统串联。其中，城镇公园和生态公园构成城乡统筹、功能互补、分层服务的城乡公园系统。城镇公园主要承担居民日常休闲游憩服务功能；生态公园主要承担居民郊野休闲游憩服务功能。自然公园系统指自然保护地体系下的各类自然公园，在保护自然生态系统、自然遗迹和自然景观的基础上，兼具休闲功能（图2）。

2. 游憩层次与需求

不同年龄层次、不同群体的游人对公园绿地具有不同的休闲游憩需求，总体而言可以归纳为日常休闲游憩、特色休闲游憩、近郊郊野休闲游憩、远郊假日休闲游憩四个层次。不同类别、不同资源特色的公园承载功能不同，对应的游人休闲游憩需求层次也有所不同。公园游憩体系供给应与游人的休闲游憩需求相适应，为广大人民群众提供多层次的优质公园游憩空间（表1）。

（三）公园管理概况及主要特征

1. 管理主体及管理模式多样

北京市及各分区两级园林绿化局对全市各类各级公园实施行政管理和行业管理，其中，市局属北京市公园管理中心（副局级事业单位）负责市属11

图2 北京市公园游憩体系构成示意图

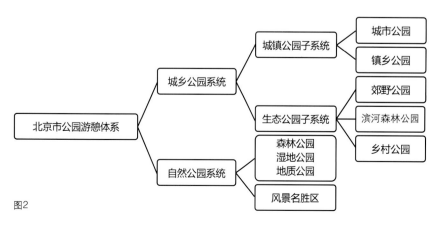

图2

个公园的人财物管理。根据公园资源属性的不同，公园管理职能分置于市局不同处室。

公园管理主体主要包括市公园管理中心、各区局或区公园管理中心、属地乡镇或街道等；另有部分公园管理主体为各区政府、不同系统的相关机构、企业、村集体等。少部分设公园管理处的公园属于全额、差额或自收自支事业单位。此外，公园管理对外还涉及文物、旅游、水务、农业、文化等多个委办局。从全市层面看，复杂多样的公园管理主体及管理模式使管理机制存在不够顺畅以及公园末端管理水平参差不齐的问题。

2. 执行政策及标准规范不一

北京市公园游憩体系中各类公园用地性质不同，管理维护执行的相关政策及规范性文件也有所不同，这种状况长期以来使得承担相同功能、服务需求一致的公园由于"城市绿地"和"林地"用地性质的差异，导致建设标准、设施配建水平、养护资金标准、管理机构及管养方式等存在较大差异。如早期建设的一道绿化隔离地区公园以及其他毗邻城市建成区的公园，执行不同于城市公园的政策及标准规范，公园配套设施指标不足，养护资金标准低，公园的基本服务保障能力受到很大的制约。另外，2003年1月1日实施的《北京市公园条例》适用对象已不能涵盖现有公园游憩体系下的公园类型及范围，这种执行政策多样以及标准规范体系不完善、相关规定滞后的局面，使首都的"千园"难以真正实现科学化、标准化、规范化管理。

3. 区域发展不平衡

除11家市属公园及市局直管的部分自然公园外，北京市公园管理维护实行各区"分灶吃饭"机制。由于各区空间区位、发展目标、财力水平各有不同，公园资源特征、管理模式、政策机制存在差异，导致各区间公园管理维护资金投入及管理维护水平存在较大的差距，其中养护资金标准的最大差距可达数倍。同时，一些区对公园存在一定程度的"重建轻管"及管理意识不到位的现象，因此，从整体来看，全市公园管理水平存在区域间发展不平衡的现象。

二、北京市公园分类分级管理体系构建

（一）总体思路

1. 基于管理需求，衔接标准规范与规划目标

以问题导向、目标引领、便于实施操作为出发点，与现有国家标准规范和上位法定规划相衔接，同时从规建管一体化的角度，落实衔接首都公园游憩体系建设发展目标。

2. 立足北京特色，突出功能承载与服务保障

立足首都"四个中心"战略定位和功能建设，保障公园在传承古都文化、服务国际一流和谐宜居之都等方面发挥的重要作用。对首都核心区、城市副中心、三山五园地区、两轴等城市重点功能区的公园以及国家重点公园、精品公园等，在管理上给予优先重点考虑，突出重点公园的龙头带动作用。

3. 统筹分类分级，聚焦体系构建与精准管理

公园分类分级管理体系构建统筹考虑公园类型与等级，以公园分类为基础，明确公园功能定位、管理目标与服务要求；通过公园分级进一步对应配套政策及量化考核指标，便于进行差异化管理。

（二）范围界定

按照统筹城乡发展、衔接规划规范、覆盖管理范围的原则，把北京市域范围内向公众开放、具有休闲游憩功能及相应服务设施的公园绿地全部纳入公园分类分级管理体系中，包括《城市绿地分类标准》各类公园绿地（G1）以及风景游憩绿地（EG1），涵盖北京市公园游憩体系的城乡公园和自然公园两大系统。为避免管理服务出现漏洞和盲区，已经建成开放但尚未移交的公园也纳入进来，在建及规划公园适用于本管理体系。

（三）公园类别与等级确定

1. 公园分类

在"遵循标准规范、基于实际功能、淡化用地类别、尊重资源特征"的基本原则下，结合首都公园绿地资源特征、功能承载和管理服务实际要求，确定北京市公园分为：综合公园、社区公园、历史名园、专类公园、游园、生态公园、自然公园七个类别，公园类别及功能界定在衔接现有标准规范及上位规划的基础上适度拓展（表2）。

有几点需要特别说明的是，一是从突出首都公园资源特色、传承文化基因、保护历史文化名城的角度，把历史名园提升为公园类别的大类，以匹配其重要地位；二是部分邻近城市集中建设区、具有城市公园形态、发挥城市公园功能的公园，可突破"城市建设用地"地类限制，依据公园的功能和实际用途按综合公园、社区公园或专类公园认定；三是游园可采用广义概念，以衔接行业实际管理范畴，避免出现管理漏洞；四是把满足农村居民就近开展日常休闲游憩和健身活动的乡村公共绿地纳入公园分类分级管理体系中，以适应首都城乡一体化统筹发展新格局；五是自然保护地体系下的自然公

公园类别/小类		功能定位及特征
综合公园		规模 5hm² 以上，功能完善，设施齐全，内容丰富，适合开展游览、休憩、科普、文化、健身、儿童游戏等多种活动，可以满足不同人群多种游园需求的公园
社区公园		规模宜大于 1hm²，具有必要的配套服务设施和活动场地，主要为一定居住用地范围内的居民就近开展日常休闲活动服务，侧重开展儿童游乐、老人休憩健身活动的公园
历史名园		在本市行政区域内，具有突出的历史、文化、生态及科学价值，在一定历史时期或北京某一区域内，对城市变迁或文化艺术发展产生影响，能体现传统造园技艺且已列入历史名园名录的公园
专类公园	动物园	野生动物人工饲养、移地保护、繁殖、展示
	植物园	植物科学研究、引种驯化、展览展示
	遗址公园与纪念性公园	依托重要历史遗迹，纪念主题突出
	其他专类公园（雕塑、儿童、健身、文化、科普等）	具有雕塑展示、儿童娱乐、体育健身、文化宣传、科普教育等特定主题
	游乐公园	具有大型游乐设施的主题公园
	近郊型郊野公园	主要位于一道绿化隔离地区及环北京城市副中心绿色休闲游憩环，具有城市公园形态和植物景观特色，主要承担居民日常游憩健身功能，兼顾生态服务及科普教育的公园

专类公园侧重满足特色主题塑造和特定服务内容，兼具其他功能的公园。专类公园空间区位不局限于城市开发边界内

游园		用地独立，规模较小，方便周边居民和工作人群就近使用，具有休闲游憩功能和简单游憩服务设施，兼具塑造城市景观风貌的公园绿地
生态公园	郊野公园	位于郊区绿色生态空间，以原生态或低人为干扰的自然环境为特色，自然、古朴、野趣，侧重满足市民自然体验和郊野休闲游憩，兼具其他功能的公园
	滨河森林公园	依托河流两侧建设的大型带状滨水生态公园，具有一定的步道系统和配套服务设施，森林景观及生态环境良好，兼具日常休闲游憩及郊野休闲服务功能
	乡村公园	位于乡村，独立占地，具有一定规模和相应服务设施，满足农村居民就近开展日常休闲游憩和健身活动的乡村公共绿地
自然公园	森林公园	指自然保护地体系下的森林公园、地质公园、湿地公园等及风景名胜区，具有生态、景观、文化和科学价值，在保护自然生态系统、自然及人文遗迹、自然景观的基础上，兼容生态保护、科学研究和休闲游憩功能。自然公园按照自然保护地体系进行管理
	湿地公园	
	地质公园	
	风景名胜区	

生态公园位于城市建设用地范围外，兼顾市民休闲游憩、生态环境保护、自然景观展示、科普教育宣传等多重功能的公园

园是北京市的重要特色资源，每年吸引大批本市居民和外来游客游览观光，纳入公园分类分级管理体系并独立分类是为了从供需层面涵盖所有游憩绿地资源，并制定以自然及人文资源保护为前提的约束性、规范性管理服务要求。

2.公园分级

公园分级以"基于现状条件、结合管理需求、统筹分类分级、对应配套政策、便于操作实施"为基本原则，主要基于现状公园品质、管理水平和服务保障能力，同时将公园所处区域和公园类别统筹考虑，纵向上尽量与"重点公园""精品公园"等已有公园建设管理成果相衔接，客观上反映出首都公园体系的等级差。

按照上述原则，确定北京市公园分为 4 个等级，一级公园为公园品质优秀，管理水平高，具有示范带动作用的公园；二级公园为公园品质良好、管理服务比较到位的公园；三级公园为公园品质达标、管理水平一般的公园；四级公园为具有简单游

憩功能和服务设施，管理水平不高，仅满足周边居民日常就近休闲健身需求的公园。公园等级通过管理服务评价项目及相关细则评定。评价项目及内容的设定既体现公园管理服务的一般性基本要求，也考虑进一步的发展提升需求，既有约束作用，又有引导作用（图3）。

（四）配套标准规范及政策支撑

北京市公园分类分级管理体系的建立和有效实施，不仅需要科学、合理地明确公园分类分级标准及评价指标，还要确定高效可行的实施路径，同时进一步制定相应的配套标准规范和政策支撑体系。从实施范围看，需要研究制定公园名录管理相关规定，从范围界定、规范命名、纳入程序、信息管理、挂牌公示等方面制定管理要求；从分类管理看，不同类型的公园功能承载、管理服务内容和侧重点有所不同，需要研究制定各类公园的一般性管理服务标准和差异化的管理服务要求；从分级管理

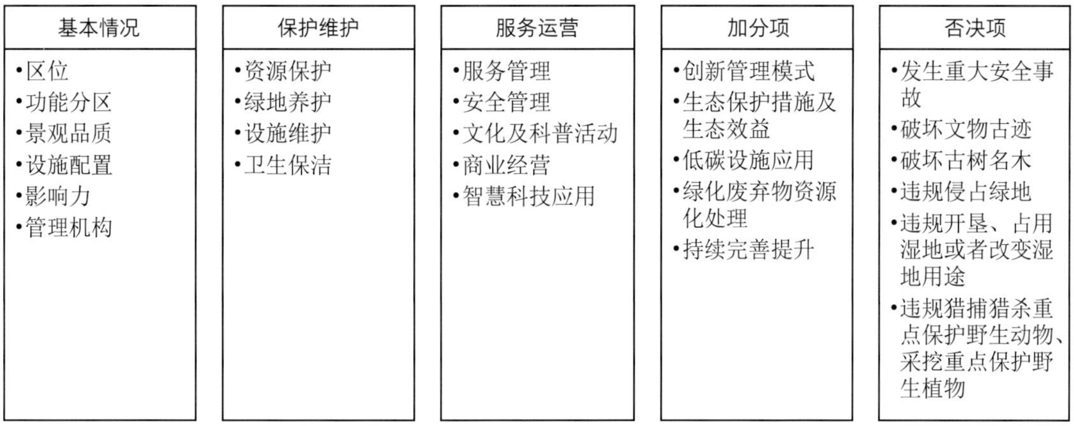

基本情况	保护维护	服务运营	加分项	否决项
•区位 •功能分区 •景观品质 •设施配置 •影响力 •管理机构	•资源保护 •绿地养护 •设施维护 •卫生保洁	•服务管理 •安全管理 •文化及科普活动 •商业经营 •智慧科技应用	•创新管理模式 •生态保护措施及生态效益 •低碳设施应用 •绿化废弃物资源化处理 •持续完善提升	•发生重大安全事故 •破坏文物古迹 •破坏古树名木 •违规侵占绿地 •违规开垦、占用湿地或者改变湿地用途 •违规猎捕猎杀重点保护野生动物、采挖重点保护野生植物

图3

图3 公园管理服务评价项目及内容

看，不同等级的公园服务保障能力不同，需要在公园分类的基础上研究制定不同等级公园的服务项目和质量标准，通过项目清单对应相应定额，达到精细化衡量公园管理维护项目及支出成本的目标。

公园分类分级管理体系建立和配套标准规范的制定，可以使公园管理服务基于功能定位和服务保障能力来确定服务内容和质量标准，从而为各级政府出台并整合包括管理模式、设施配建、资金投入等在内的配套政策提供依据，解决当前公园管理在体制机制、执行政策、区域发展等方面存在的症结。

三、结语

园林绿化事业发展真正的考验和挑战在于后续长效、可持续的管理、运营和维护。实施公园分类分级管理是实现首都公园事业高质量发展以及精细化、差异化服务保障的重要抓手和实施路径，是建立公园游憩服务保障体系的基础性工作，事关民生福祉，具有重大的现实意义。同时，公园分类分级也可以反向评估公园绿色空间布局和体系的合理性、均好性，对绿地游憩体系构建提供扎实的需求依据和发展引导。对于首都北京这样的超大型城市，实施"千园"分类分级管理面临更高的要求和更大的挑战，在实施推进的过程中，需要审慎研究，试点先行，总结经验，分步推进，探索符合大都市发展特点和管理服务需求的公园管理新路，以适应首都新时代公园事业发展新要求。

项目组成员名单

项目负责人：葛书红

项目参加人：孙 莉 邢至怡 林 霖 梁佩斯

超越专业局限 引领片区发展

——以成都三个"公园城市"设计项目为例

上海市园林工程有限公司／牟瑨森

提要：景观规划师应突破"园林"专业的传统范畴，以片区的全局视野、发展的眼光、多专业的视角向发展型景观规划设计进化。

引言——社会对景观师的认知

作为一名景观设计师，常常会遇到以下场景：

场景一：陌生人相识

问：请问您是做什么工作的？

答：我是一名景观设计师？

问：景观……设计师？（对方疑惑的表情，似乎没太听清）

答：是的！景观设计师！（虽然回答掷地有声，但心里犯嘀咕：看来又得解释一番了）

您也可以理解为是做园林的。

问：（对方立马豁然开朗）啊，园林，我知道，就是种花种草种树的。

答：（尴尬）差不多吧，种树只是一部分工作内容……（解释多了也没用，欲言又止）

问：嗯，懂了。（心里想：解释那么多有啥用，知道你是种树的就好了）

场景二：建筑学院开会

规划系：我们是为城市发展做顶层设计的……

建筑系：我们是做地标性建筑的，建筑是城市环境中的主体……

景观系：我们是做生态环境设计的……

规划系：我们做完总体规划后，建筑设计一定要体现出城市品位，另外我们还会规划很多公园绿地……

建筑系：我们做完建筑设计后，景观绿化一定要与建筑风格保持一致，要突出建筑的造型语言……

景观系：我们不光能做公园绿化，还能做绿地系统规划，甚至……（被打断）

规划系：对了，总体规划布局出来后，请你们景观系来做绿地系统专项……

景观系：……

场景三：项目论证会

水利院：这个护岸一定要打桩的，得满足100年一遇的防洪标准……

规划师：这个红线不能突破，是控规规定的……

建筑师：这个墙不能动，有国家规范呢……

结构师：这个结构就是要这么大，按国家规范计算出来的……

景观师：这个问题最好从源头上解决，应该保留整体的山水骨架……

水利院：水利问题不好办……

规划师：改规划难度很大，周期很长……

建筑师：这个建筑体量大，动的难度很大……

结构师：结构就要这么大，没办法……

领　导：（对景观师）你们景观根据各方的意见调整一下设计方案……

景观设计师对以上局面已经司空见惯，有的甚至认为景观专业的地位本就该如此。同样也有一批行业内的有识之士清醒地认识到：景观规划师不应仅仅局限在公园绿地的狭窄领域，而是应该突破"园林"的局限。

一、"公园城市"理念下的机遇与挑战

近年来随着"两山论"的提出，生态文明时代正式来临。同时随着国内大城市传统工业的衰败和

后工业时代的来临，探索后工业文明的新型发展模式，协调产业发展与城市的可持续发展变得越来越迫切。"公园城市"正是生态文明和后工业城市文明双重背景下的产物。"公园城市"作为一项新的城市发展课题，还没有哪个传统学科专业成为其顶层设计的法定制定者，这是摆在景观规划专业面前的大机遇，同时也是大挑战。

所谓大机遇是因为"公园城市"以"生态优先，绿色发展"为总纲，生态设计与绿色观念恰恰是景观规划专业的特长；所谓大挑战在于景观规划专业虽然具备生态领域的专业能力，但生态、绿色是手段和方式，而不是目的。公园城市的顶层设计应是基于生态文明的产业与经济的可持续发展，发展才是硬道理。因此，如何将生态价值转变为经济价值和城市发展的驱动力才是"公园城市"给出的真正课题。它对景观规划专业的发展指明了新的方向，对景观规划师的职业能力提出了新的要求。

二、"公园城市"理念下的片区发展逻辑

唯物辩证法告诉我们，任何事物都不是孤立存在的。城市公园作为城市片区的一个有机组成部分，不应仅以红线为界只研究红线范围内的功能布局或生态问题；而应以整体思维研究以公园为核心的片区发展问题，构建一个片区可持续发展的系统。

"公园城市"理念下的"城市公园"已经远远超出了传统公园绿地的范畴。目前很多公园项目的规划设计正如佐佐木英夫所讲"做些装点门面的皮毛性工作"，并没有从全局的视角去谋划，从而丧失了宝贵的发展机遇。当下大城市城市更新区域的再发展动力逻辑已经发生了变化，后工业时代的城市更新面临的问题更多元、更复杂，因此应采用"片区整体谋局、精细化运营"的规划理念，综合地、多目标地解决问题。

城市片区发展的顶层设计需要多学科背景的团队或复合型景观规划人才的涌现。城市片区发展逻辑下，景观规划师进行公共空间项目设计特别是大型公共空间项目顶层设计的切入点不应再是空间形态，也不应局限在对风格、手法和形式美学的研究；景观规划师应从注重物理空间到注重城市与产业发展，变被动的设计服务为主动的谋划与引领。景观规划师的核心能力也将不再是专业表现力，而是基于生态发展观的对城市产业和区域发展的洞察力、预判力与决策力。

三、成都"公园城市"三个实践案例

（一）成都锦江九里公园设计逻辑剖析

1. 项目概况

最初的任务是成都金牛区"临水雅园"公园设计。基地位于北三环成彭立交南侧、成都母亲河锦江以北（图 1），占地面积约 12 万 m²。而通过现场踏勘我们发现，周边被道路、河流分隔的多个地块可以连片综合成为一个 176hm² 的大型公共开放空间。

2. 真实需求洞察

如果单从"临水雅苑"自身来看，将其定位为周边居民服务的社区公园或区级综合公园，实现生态环境的改善和居民的游憩功能是比较适宜的。但如果以公园城市理念和片区整体发展逻辑来审视，答案会截然不同。

"临水雅苑"周边沿锦江两岸是多个已建公园和待拆迁建公园的地块，公园外围是大片待拆迁更新的商贸市场。从综合效益的角度讲，应以整体思维定位，构建片区的空间发展框架，使公共开放空间与周边功能区加强互动，带动区域活力的提升和土地的升值，从而形成片区城市更新的动力。因此，表面上看当地政府需要的是"临水雅园"这一城市公园的景观设计服务，而实际诉求却是"公园城市"背后的片区发展动力。如果景观设计师仅仅提供"临水雅苑"红线范围内的绿地设计，其公园能级可能仅仅是社区公园级别的，这对锦江九里片区的发展来说是莫大的遗憾。

3. 基于整体思维的片区比较优势剖析

城市更新的核心动力在于产业更新，以新经济吸引或培养新一代的知识青年。此时九里片区已具备了再发展的三大比较优势。

图1　临水雅苑与九里公园区位图

（1）智力资源优势

本次研究的九里片区是成都市高校科研院所最为集中的区域，特别是西南交通大学的轨道交通学科优势和川藏铁路建设的契机来临，正是围绕轨道交通、智能驾驶等产业发展新经济的良好契机。

（2）土地资源优势

九里片区及周边共可拆迁腾退约10000亩土地，这正是城市产业结构调整所稀缺的宝贵土地资源，发展空间巨大。

（3）生态资源优势

锦江九里片区沿锦江两岸可以梳理出176hm²公共开放空间，成为成都三环内最大的生态空间和城市公共开放空间，对成都北城区新一轮的城市发展意义重大，甚至具有改写城市发展格局的潜力。

4. 基于比较优势的片区产业规划

城市片区更新需要经济基础和价值驱动，土地增值、房产开发往往是地方政府进行城市更新的直接动力，但这样的价值实现往往后劲不足；城市发展更长久更可持续的动力来源是产业的发展。城市更新的逻辑不在于刷新的建筑表皮、漂亮的街道或是璀璨的光彩工程，而在于产业更新，产业发展才是推动城市空间变革的主导力量。

依托前述剖析的比较资源优势，在锦江九里公园及周边规划三大新型业态集聚区（图2）。

（1）以西南交通大学的优势学科轨道交通为

图2 九里片区新业态规划示意图

依托，打造九里科创湾。

（2）以国内首家国际一流标准的成都防灾体验馆为引领，以青少年活动中心的预留基地为依托，打造科学体验岛。

（3）以成都当代影像馆为引领，向东发展至洞子口老街，向西沿北三环发展至金牛大道，建设成为文创艺术带。

这三大新兴产业集聚区应以政府引导、市场主导的发展模式，在大九里公园内建立新场景、新消费、新体验，将很快提升区域的吸引力和创新活力。

5. 基于产业逻辑的规划愿景

锦江九里公园不应仅仅定位为服务于周边社区居民的社区公园或城市绿地，还应该服务于金牛全局发展的新经济、新产业，以国际交流、教育、创意、社交为主要功能定位，营造开放、活跃、包容的交流交往氛围，吸引富有青春活力的年轻力量，成为国际交流交往载体空间、城市微度假场景和成都新文旅目的地，从而引领周边区域的高端化、国际化更新。这是一条以小博大、以绿带业、以境升华的"公园城市"发展之路。

6. 基于规划愿景的更新策略

根据对基地现状的深入研究与洞察，要实现锦江九里公园的上述规划愿景，需从规划、交通、风貌、业态、文化、空间六大方面，全方位立体化重构九里片区的公共空间资源，形成一个明确而有趣的系统发展框架。

（1）化零为整，九里品牌

本次规划解决的一个核心问题就是将分散割裂的绿地整合成一个大型的综合性公园，引领九里片区的城市更新。本次规划将北二环至北三环之间沿锦江两岸分布的九块绿地整合成一个大"九里公园"，成为成都市三环内最大的城市公共开放空间。并对"九里"IP化、品牌化进行整体规划、整体推广、整合运营。

（2）交通重组、缝合连接

交通重组是实现化零为整的重要措施。将部分城市道路下穿，新建地景人行桥，保证公园的连续性、完整性。车行让位于人行，体现公园城市以人为本的基本内涵。为将成都天府锦城（两江环抱区域）大流量的休闲旅游人口导入九里片区，规划建议结合西南交通大学的优势学科——轨道交通，修建从成都339电视塔到欢乐谷的新能源轨道小火车或空中单轨列车。另外建议开设与"锦江夜游线"相呼应的从成都339电视塔至欢乐谷的"欢乐水岸线"游船线路。

（图中标注：文创艺术街、科学体验岛、九里科创湾）

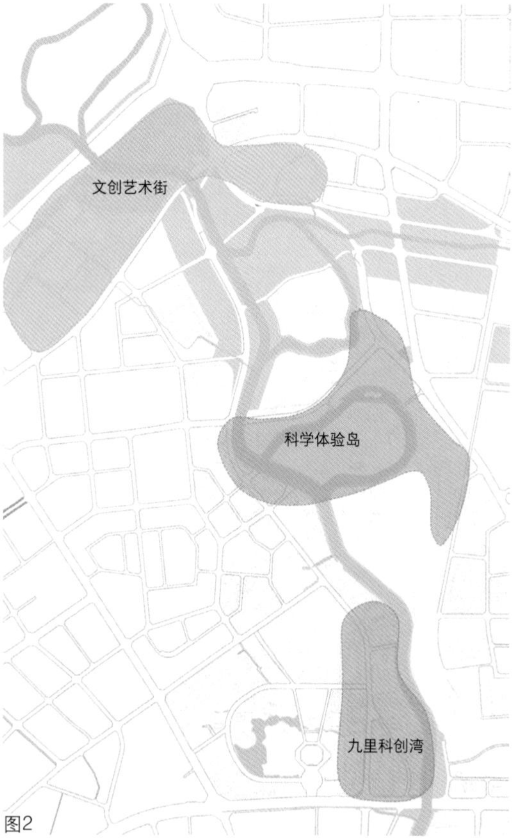

7. 基于更新策略的空间规划

锦江九里公园以"锦江双脉织九里、花影水韵漫生活"为总体创意主题，以蜀锦文化为创意来源，编织场地立体交通，将锦江两岸被复杂的道路交通分割的九块绿地编织成为一个有机整体（图3）。

（1）总体空间骨架

以上新桥城市轴线与锦江交叉处的友谊塔为制高点，统领整个九里公园。五条慢行环线组合将锦江两岸连接成一个整体，并有利于纵向空间打通，从而构建丰富的景观空间序列。

（2）空间单元体系

依据不同地块的特征，以"九里九园"为主题构建九里公园的空间结构体系，分别为乐源、乐研、乐学、乐动、乐畅、乐友、乐水、乐艺、乐创9个主题，各空间单元功能互补、错位发展。

（3）临水雅苑景观设计

在"九里九园"整体发展框架体系下，最初的设计任务"临水雅苑"定位为城市山水型文创艺术公园（图4）。

（二）小北区东风锦带两岸发展策划与景观规划设计

1. 项目缘起

类似于锦江九里公园的规划设计逻辑，笔者最开始接到的设计任务是东风渠北岸一块公园用地的设计工作，占地面积约16万 m²。此公园作为基地北侧老工业园区小北区（占地面积约5.1km²）转型升级的配套公园先行启动。研究上位规划发现，设计地块周边沿东风渠两岸还有约123hm²的公共开放空间（图5）。

2. 真实需求洞察

本次公园设计是为将来整个产业园区的转型升级乃至整个片区的发展服务的，公园的设计定位应与产业园区的发展定位乃至整个片区的发展定位相适应。因此，应首先明确产业园区的发展模式和产业发展方向，这是进行顶层设计的核心问题。所谓"不谋全局者，不足以谋一域"，未来的片区发展将不再是"野蛮生长"出来的，而一定是经过科学规划、科学决策出来的具有前瞻性的发展蓝图。

因此，表面上看业主需要的是一个公园的设计方案，实则应先从整体上明确产业园区的产业发展方向和定位，再以片区的总体发展目标来指导单个公园的方案设计。

3. 片区产业定位

依托104油库片区的工业遗存和影视艺术人才资源，以丝路艺术为主题对工业遗存进行保护性

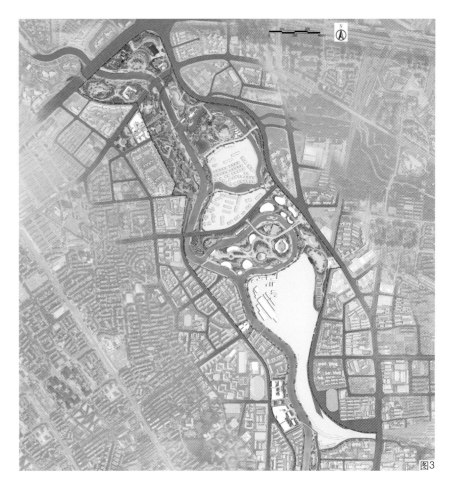

图3

图3 规划总平面图
图4 临水雅苑公园建成鸟瞰图
图5 东风锦带景观规划总平面图

图4

图5

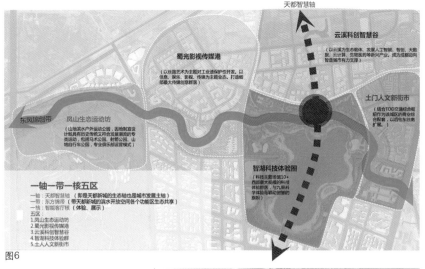

图6

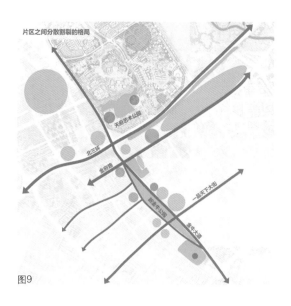

图9

图7

图8

开发。以信息、娱乐、影视、传媒为主题业态，打造西部最大的传媒创意群落——蜀光影视传媒港。

依据成都市产业规划、小北区城市设计和科研院所的人才技术优势，以云溪为生态载体，发展智能智造、新能源、新交通等新兴产业，打造云溪科创智慧谷，成为成都迈向智造强市的有力支撑（图6）。

4. 产业逻辑下的景观规划定位

首先是为产业发展服务，成为天都创智城对外形象展示的窗口和新城未来产业主题的宣示，激发人们对新城未来的畅想。其次，使城市生活回归河流。东风渠水岸应成为年轻人社交的都市微旅游场所。因此，我们充分挖掘本次东风渠水岸自身的比较优势，并与其他公园形成错位互补发展，提出以科技体验为主题打造北城区形成"引领未来的创智水岸"（图7）。

5. 东风锦带创智公园景观设计

在小北区产业定位与东风锦带总体景观规划的指导下，先期启动区16万 m² 的城市公园定位为"东风锦带创智公园"（图8），是小北区产业园区产业更新的启动样板和科技智慧景观体验目的地。

（三）茶店子片区"悠竹山谷"与"丝路云锦"

1. 项目缘起与洞察

茶店子片区作为成都北城城市更新的一个核心区域，已经具备了较好的教育医疗、商业、文化、商务办公、居住社区及绿地公园等设施，但各功能板块被城市快速路和主干道割裂严重（图9），车行交通优先的发展模式制约着片区活力的提升。如何将片区变成一个人行优先的公园城市片区将直接决定着茶店子片区的吸引力和未来地位。

2. 悠竹山谷

城市主干道金牛大道在龙湖天街和新金牛公园之间段下穿，设计将原有约3.5万 m² 道路路面改造为一个"漫生活商业公园"，在商业公园中植入具有烟火气的时尚新潮商业，融合科技体验、文创书店、时尚美食等新兴旗舰消费业态，设计手法师法自然、模拟山水，营造一个闹市桃花源般的"悠竹山谷"（图10、图11）。

3. 丝路云锦

新金牛公园（含悠竹山谷）片区与成都北三环外重点片区天府艺术公园（省级外交功能区）之间被城市快速路北三环、城市主干道金牛大道和金府路隔断，人行交通非常不便。以公园城市片区发展思维为指导，经过对周边地块的多次踏勘和反复推演，克服各种困难和质疑，最终达成一致——建设一条长度约1.5km的"高线公园"，除可供人行和自行车通行的便捷路径之外，也提供给市民观察城

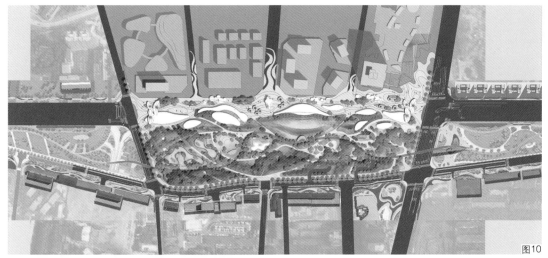

图10

图11

市的不同视角，而且还是空中花园和多场景体验与交流空间。以金牛区本土的丝绸之路文化和蜀锦文化将这条空中连廊命名为"丝路云锦"，取意"丝路花开、云锦结谊"，既包含现实功能，也极具丰富的文化内涵，是公园城市片区发展思维下的一个典型案例（图12、图13）。

（四）金牛区的翡翠项链

锦江九里堤片区、小北区、茶店子片区作为成都北城区城市更新的三个重点区域，都以"公园城市"理念为指导，综合运用片区发展思维和产业运营思维，站在片区发展的全局高度对城市公共空间进行总体策划规划，分别形成了以锦江九里公园、东风锦带创智公园和丝路云锦高线公园为品牌驱动的EOD（基于生态环境和公共空间驱动的发展）发展模式。将这三个大型公共空间进一步延伸连接，就形成了金牛区慢行系统的大小"翡翠项链"（图14），真正实现了公园城市所追求的人行优先、绿色发展理念。

项目组成员名单

项目负责人：牟晋森

项目参加人：吴瑞稳　罗贵长　伍婷婷　顾庆东
　　　　　　徐泽伟　雷千强　李　娟　吴晓琼

图12

图13

图14

国家沙漠公园设立与规划研究

——以甘肃凉州九墩滩国家沙漠公园为例

国家林业和草原局林产工业规划设计院／宋　超　苏　博　商　楠

风景一词出现在晋代（公元 265 ~ 420 年），风景名胜源于古代的名山大川和邑郊游憩地及社会选景活动。历经千秋传承，形成中华文明典范。当代我国的风景名胜区体系已占有国土面积的 2.02%（19.37 万 km²），大都是最美的国家遗产。

提要：通过以沙地生态保护为先导、以沙化土地治理为特色、以沙漠自然教育为引擎的"三位一体"的沙漠公园发展策略，探索荒漠化防治与建立国家沙漠公园之间有机融合的创新理念和实践路径。

一、国家沙漠公园的设立

（一）设立背景

我国是世界上土地沙化最严重的国家之一，全国沙化土地面积达 172.12 万 km²，占国土面积的 17.93%，其中沙漠面积 59.43 万 km²，占国土面积的 6.19%。因此，防沙治沙是一项重要的生态工程与民生工程，事关国家生态安全。

设立沙漠公园是实现沙化土地防治的有效途径之一，对改善沙区生态、促进防沙治沙具有重要的推动作用。沙漠公园是以沙漠（荒漠）自然景观为主体，以保护荒漠生态（荒漠）为目的，在促进防沙治沙和保护生态功能的基础上，合理利用沙区资源，开展公众游憩、旅游休闲以及进行科学、文化、宣传和教育活动等的特定区域。根据中共中央办公厅、国务院办公厅印发的《关于建立以国家公园为主体的自然保护地体系的指导意见》，我国建立了以国家公园、自然保护区、自然公园 3 种类型保护地所构成的自然保护地体系，而沙漠公园作为自然公园的重要组成部分，对于丰富和完善我国自然保护地体系也有着重要意义。同时，我国也是《联合国防治荒漠化公约》的缔约国，沙漠公园的建设作为防沙治沙的重要建设内容，对于深化国际履约、扩大国际交流与合作也有着积极意义。

（二）场地概况

甘肃凉州九墩滩国家沙漠公园（以下简称"九墩滩沙漠公园"）位于甘肃省武威市凉州区北部，腾格里沙漠西南缘，总面积 1795.97hm²。九墩滩沙漠公园是由流动沙地、半固定沙地和固定沙地构成的沙漠生态系统（图 1、图 2、表 1），其沙化区域占公园总面积的 99.86%，且具有独特的沙地生物、景观和文化资源（表 2），是沙漠公园建设的重要生态和人文基底。

（三）设立主体的特殊性

九墩滩沙漠公园的申报设立较为特殊，有别于绝大多数自然保护地由地方林草部门（自然资源部门）申报设立的惯例。该公园是以企业为唯一申报

图 1　九墩滩沙漠公园现状
图 2　九墩滩沙漠公园卫星影像及资源分布现状图

图1

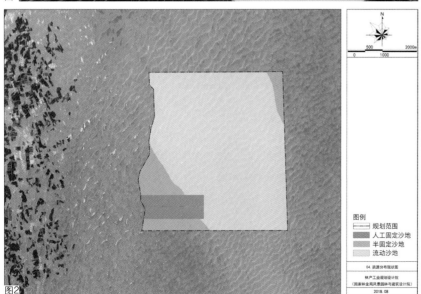

图2

图例
规划范围
人工固定沙地
半固定沙地
流动沙地

04 资源分布现状图

林产工业规划设计院
（国家林业局风景园林与建筑设计院）

2018.08

主体，成功申报国家级自然保护地的典型案例。沙漠公园的申报单位——甘肃建投新能源科技股份有限公司（以下简称"甘肃建投"），是我国西部地区防沙治沙与新能源开发利用行业的实践者（图3），在沙漠公园成功申报之后，同时也成为该沙漠公园的管理单位。

甘肃建投利用自主研发制造的工程与生物治沙装备——多功能立体固沙车（图4），运用"麦草沙障 + 沙生苗木""稻草沙障 + 沙生苗木"和"芦苇沙障 + 沙生苗木"等治沙技术，在九墩滩沙漠公园开展试验性的防沙治沙工作，极大降低了人工劳动强度，有效避免了人工铺设不均匀、质量不稳定等弊端，延长了草沙障的固沙寿命，阻止了沙地近地层流沙移动，显著提高了固沙效率。甘肃建投正努力将沙漠公园建设成质量标准最高、防护效益最好、全国一流的防风固沙示范性基地。九墩滩沙漠公园示范性防沙治沙技术的应用有利于从源头上阻断腾格里沙漠对武威绿洲的蔓延和侵害，使甘肃省和内蒙古自治区省界沿线重点风沙口得到有效治理。

二、国家沙漠公园发展策略

（一）"三位一体"的沙漠公园发展策略

九墩滩国家沙漠公园的规划建设，既不是纯粹的资源保护，也不是单纯的产业开发，更不是传统的城镇建设。项目依托规划区内的自然景观和人文特色，在修复沙漠生态景观、保护原始自然风貌的基础上，为了突出沙漠地区自然环境与资源价值、实现沙漠资源的合理保护与利用，提出了以沙漠生态保护筑牢公园基底、以防沙治沙技术凸显公园特色、以沙漠自然教育引领公园发展的"三位一体"的沙漠公园发展策略（图5）。

（二）策略1——筑牢沙漠生态保护基底

沙漠公园建设的核心是保护和恢复荒漠生态系统，以保护荒漠野生动植物及其栖息地为出发点，开展天然半固定沙地封禁、防护林带建设、界碑和界桩布设、沙漠动植物及其栖息地保护、沙漠景观资源及沙漠文化保护等专项工程和节水灌溉设施等基础设施建设，始终将生态保护贯穿于沙漠公园的规划与建设中。

（三）策略2——凸显防沙治沙技术特色

九墩滩沙漠公园的特色之一，是申报设立主体甘肃建投生产的机械固沙装备，以及利用该装备所

九墩滩沙漠公园沙化土地类型　　　　表1

序号	沙（石漠）化地类型	面积（hm²）	占总面积比例（%）
1	固定沙地	118.81	6.60
2	半固定沙地	187.60	10.45
3	流动沙地	1487.71	82.84
	合计	1792.32	99.89

九墩滩沙漠公园资源概况　　　　表2

资源类型		资源特点
生物多样性	植物资源	以旱生、超旱生的灌木、小灌木和草本为主，公园内记录野生植物12科39种，其中包括典型的沙漠植物梭梭（Haloxylon ammodendron）、肉苁蓉（Cistanche deserticola）等
	动物资源	公园内记录野生动物12科20种，其中包括国家Ⅰ级重点保护野生动物金雕（Aquila chrysaetos）1种，国家Ⅱ级重点保护野生动物苍鹰（Accipiter gentilis）、雀鹰（Accipiter nisus）等6种
景观资源		包括沙丘、梁地、丘间低地等多种景观类型
文化资源		实施"麦草沙障 + 梭梭"治沙技术，开展机械治沙，沙丘被草方格固定，形成人类向沙漠宣战的防沙治沙文化

图3　甘肃建投新能源科技股份有限公司治沙基地
图4　多功能立体固沙车及所铺设的沙障
图5　九墩滩沙漠公园发展策略

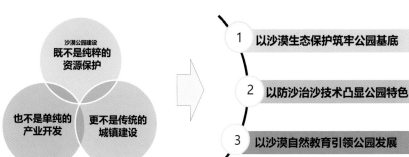

沙漠公园建设
既不是纯粹的资源保护
也不是单纯的产业开发
更不是传统的城镇建设

1 以沙漠生态保护筑牢公园基底

2 以防沙治沙技术凸显公园特色

3 以沙漠自然教育引领公园发展

图5

开展的试验性防沙治沙工作。通过机械固沙装备将稻草、麦秸等植物茎秆在沙漠表面铺设成多种形式的草沙障，其铺设效率是人工的 100 多倍，而且由于增加了沙漠表面的粗糙度，可消减风力，阻止流沙移动，截流雨水，防风固沙作用显著，比人工固沙的质量要高、固沙效果更好。以防沙治沙、恢复沙漠植被为出发点，开展园区防护林带、道路防护林带、防护林带抚育管护、机械沙障布设、固沙林建设等恢复与治理建设工程，着力恢复沙漠植被与生态环境。

（四）策略 3——引领沙漠自然教育发展

沙漠公园自然教育是以沙漠自然环境为背景，通过科学有效的方法，使人们融入大自然，实现人们对沙漠生态环境的有效采集、整理、编织，培养可持续发展的绿色生活价值观，形成保护沙漠生态环境思维的教育过程。

九墩滩沙漠公园以领略大漠风光、认知沙地生态、了解特色沙产业、提高沙漠生态环境保护意识为出发点，采用室内宣教与户外展示相结合的方式，以展现沙地的自然资源、大漠风光为基础，以认知和观赏沙漠生态、沙漠植被、沙漠农业、沙漠产业为特色，充分展示沙漠公园独一无二的防沙治沙新模式、新技术、新发明，使游人在领略大漠风光的同时对沙漠和沙产业产生兴趣，达到普及沙漠科学知识、宣传沙漠生态系统功能价值的目的。

三、国家沙漠公园规划

（一）编制依据

（1）根据《国家沙漠公园管理办法》（林沙发

〔2017〕104 号）等相关规范要求，国家沙漠公园申报设立阶段需要编制总体规划、申报书，编制申报图册和申报视频等。其中最重要的申报材料为总体规划。

（2）国家沙漠公园总体规划依据《国家沙漠公园总体规划编制导则》LY/T 2574—2016 进行编制，其是沙漠公园建设的综合性、全局性的规划导则，旨在明确未来 10 年内沙漠公园的发展目标，解决沙漠公园发展过程中的保护、利用、建设、经营、管理等重要问题。其目的是通过综合研究确定沙漠公园的性质与规模，根据沙漠公园自身环境条件与景观资源的地理分布及特征，合理配置沙漠公园基础设施，从时间与空间上对沙漠公园内沙漠资源的科学保护与合理利用做出总体安排和布局，指导沙漠公园开展建设、经营和管理等工作，并为沙漠公园编制专项规划、管理计划和年度计划指明方向、目标与任务。

（二）空间区划

基于九墩滩沙漠公园的资源特征以及相关规范中所确立的分区原则，公园划分为生态保育区、宣教展示区、沙漠体验区和管理服务区 4 个功能区（图6）。

1. 生态保育区

生态保育区包括构成沙漠公园主体的北部区域及西南部的部分区域，主要是自然形成的半固定沙地和流动沙地，规划面积 1427.00hm²，占九墩滩沙漠公园总面积的 79.45%。本区是沙漠公园的中心区域、重要生态基底和沙漠生态系统核心，既有原生态的沙丘景观，也有当地多年防沙治沙取得成效的展示，是沙漠公园生态最脆弱敏感的地区，也是保护最严格的区域，需要特殊保护。本区内不开展任何形式的旅游活动，严禁修建对生态环境和景观造成影响或破坏的设施，必要的基础设施建设均须遵循景观和环境保护的要求。

2. 宣教展示区

宣教展示区位于沙漠公园南部、管理服务区以东、沙漠公园主要道路的两侧，主要是经人工治沙措施治理而形成的人工固定沙地，规划面积 102.14hm²，占九墩滩沙漠公园总面积的 5.69%。本区以开展生态展示和科普宣教为目标，通过开展沙漠生态、防沙治沙技术及成果、沙漠动植物资源以及沙产业成果展示及相关科技宣传教育，将其打造为沙漠公园对外展示的窗口。

3. 沙漠体验区

沙漠体验区位于沙漠公园南部、宣教展示区

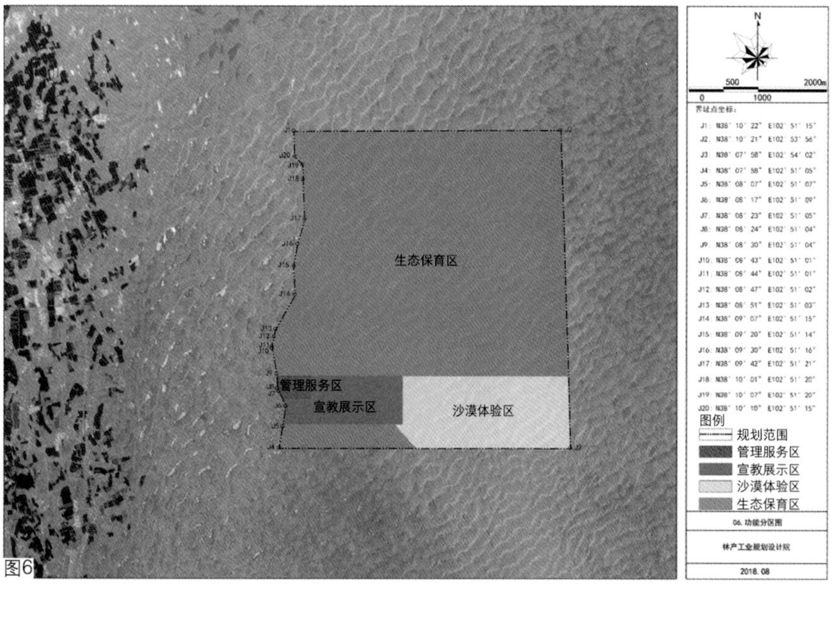

图6　九墩滩沙漠公园功能分区图

图6

以东、沙漠公园主路两侧，主要为流动沙地，规划面积248.56hm²，占九墩滩沙漠公园总面积的13.84%。本区以开展沙漠生态旅游为目标，设置了葡萄产业体验区、沙漠游乐园、沙画与沙雕园等沙漠环境体验项目。

4. 管理服务区

管理服务区位于沙漠公园西南部、沙漠公园主路北侧，主要为经人工治沙措施治理而形成的人工固定沙地，规划面积18.27hm²，占九墩滩沙漠公园总面积的1.02%。本区以满足沙漠公园日常运营和开展保护与恢复工作为目标，设置了访客中心、沙漠公园管理处等建设项目，未来在沙漠公园的建设运营中将发挥管理、服务等方面的功能。

（三）建设布局

1. 保护规划

九墩滩沙漠公园生态环境脆弱，荒漠生态系统敏感性强、承受能力和抗干扰能力弱。规划在生态保育区实施天然半固定沙地封禁工程，通过建设防护林带的方式，对天然半固定沙地区域进行封禁；通过设置界碑、界桩的形式，进一步界定沙漠公园边界，明确区域的范围，减少人为因素对沙漠公园的干扰和破坏；强调对野生动植物资源及其栖息地的保护；强调沙漠景观资源及沙漠文化保护；通过加强水资源的统一管理、协调用水关系、布设节水灌溉设施、工程废水废物控制以及逐步减少地下水开采等措施，来实现对水资源的保护。

2. 植被恢复与治理规划

构建由"园区防护林带"和"道路防护林带"构成的防护林体系，采用具有国内外先进水平的治沙机械——固沙车，布设平铺式草沙障（图7），并栽植固沙林。根据目前的植被恢复实践，采用该技术进行沙漠植被恢复的效果良好，植被恢复速度明显好于未采取人工措施的区域（图8）。生态保护与恢复规划可以有效地保护九墩滩沙漠公园脆弱的生态系统，保障区域生态安全。

3. 自然教育与科研监测规划

沙漠公园的自然教育以展现沙地的自然景观、人文景观为基础，九墩滩沙漠公园采用室内宣教与户外展示、线上宣传与线下体验等方式，将沙漠生态、沙漠植被、沙地农业、沙漠产业等特色展示给游人，并通过建设宣教中心、沙生植物园、节水农业示范区、设施农业示范区、清洁能源展示区等自然教育相关建设项目，向游人展示公园内的自然风光及其独特的防沙治沙发明、技术与创新模式，使游人在领略大漠风光的同时对沙地、沙漠产生

图7

图8

图9

|风景园林师2022上|
Landscape Architects 019

兴趣，达到普及沙地科学知识、宣传沙漠生态系统功能价值的作用，使游客加深对九墩滩沙漠公园产业特色的印象，提高人们保护沙地的环境意识，进一步实现荒漠化治理与自然教育和生态体验的有机结合。

通过开展科研监测，摸清九墩滩沙漠公园的资源状况及其在甘肃地区乃至全国所处的生态地位，研究不同防沙、治沙新技术、新模式及相应的生态、经济效应；探索荒漠生态系统种质资源和特有物种的保护，并尝试进行种苗繁育；开展经济价值较高、适应沙地生态环境的植物栽培、引种试验，储备物种资源。

4. 合理利用规划

规划以沙产业（图9）开发与利用为核心，以沙漠生态旅游为亮点，开展葡萄产业体验区、沙漠游乐园、沙画与沙雕园、拓展基地、沙地体育场、九墩泉沙漠绿洲、沙漠走廊、观光小径、观景塔等合理利用设施的建设，为城乡居民提供一个进行沙地观光、游憩、休闲和沙地体验活动的场所，促进

图7 九墩滩沙漠公园草沙障
图8 九墩滩沙漠公园草沙障区域植被恢复情况
图9 九墩滩沙漠公园沙产业开发区域现状

沙漠公园的生态旅游业发展，构建合理利用的完整产业链。

5. 基础工程规划

九墩滩沙漠公园内的主干路和次干路呈"倒T形"分布，连接各分区内主要景点；建设供电线路及供配电设施、给水排水设施、供热设施及广播电视设施。

6. 防灾与应急管理工程规划

开展有害生物防治、外来物种监控、疫源疫病监控、地质灾害防治、气象灾害防治、防火规划，建立应急预案体系和应急机构。

四、结语

通过设立国家沙漠公园，可以有效保护沙漠生物多样性，提高沙漠生态系统服务功能，明显改善沙漠生态环境；通过开展以沙漠为特征的自然教育活动，能够激发民众的生态环保意识，产生显著的社会效益；通过带动周边区域销售绿色沙产业农产品、为生态旅游活动提供食宿服务等

途径，可取得相应的经济效益。最终，在严格保护国家沙漠公园生态环境的前提下，最大限度地发挥国家沙漠公园的生态、经济和社会效益，实现公园内环境、资源、经济、社会、文化等各要素的可持续发展。

九墩滩沙漠公园利用固沙车等机械装备，在流动沙地铺设草沙障，形成人工固定沙地，实现了沙障机械化、智能化铺设，从根本上解决了沙漠化速度快于人工治沙速度的难题，是一种兼具科学性和高效性的治沙模式，对于环境保护和生态建设有着重要作用，在未来荒漠治理中值得推广。同时，九墩滩沙漠公园将机械化的荒漠化防治技术与模式，成功地融入国家沙漠公园的规划布局和建设中，为我国国家沙漠公园的设立与规划步入更科学、规范的轨道提供了参考和依据。

项目组成员名单

项目负责人：彭　蓉　苏　博

项目参与人：张谊佳　程子岳　刘睿琦　宋　超
　　　　　　申　超

浙江省省级绿道规划建设的系统演进

——从1.0版到2.0版

浙江省城乡规划设计研究院／余　伟　陈佩青

提要： 浙江省省级绿道网规划契合省级重大发展战略行动，立足现有建设基础，提出新时期高质量发展的重点内容，从"全网络、强带动、推进品、善治理、优绿廊"五大视角，紧紧围绕人的本真需求，打造人民点赞的绿道，全面建设浙江绿道2.0版。

引言

浙江省依托"七山一水二分田"的山海地理资源，以自然水系、山脊等自然空间为基础，以丰富的自然生态资源和历史文化遗产为本底，构建了以10条省级绿道骨干线为基础、"省—市—县"多级联动实施的绿道网络体系（图1），在国内属于较早系统推进绿道工作的省份。

一、上版规划实施评估

《浙江省省级绿道网布局规划（2012~2020）》获批实施后，经过多年的建设，全省各地的绿道建设取得一定成效。2019年底，浙江省住房和城乡建设厅牵头启动省级绿道实施评估，以期整理发现全省绿道网建设的薄弱环节，精准反馈绿道使用空间分布和使用偏好，并引导下一轮绿道规划的方向。

（一）实施基本情况

经过多年的建设实施，浙江省绿道基本形成了1.0版本的系统架构，在改善城乡生态、美化城乡环境、打造慢行经济等方面发挥积极的作用，集中体现在4个方面。一是规划标准体系不断完善。市县绿道规划编制稳步推进，绿道建设技术导则和施工规程不断完善。二是推进机制逐步健全。以浙江省住房和城乡建设厅牵头，多部门协同，各市县落实的推进工作机制保障了绿道规划的有序实施。三是"绿道+"综合成效初显。省级绿道建设与浙江省委省政府的重要战略、重点工作统筹部署。特

别是"绿道+大花园战略""绿道+三改一拆""绿道+五水共治""绿道+园林城镇创建""绿道+自然文化遗产"等多种形式的结合，最大程度发挥了绿道的串联带动效应。四是绿道品牌日益彰显。通过近年来的绿道精品线建设，形成了如杭州三江两岸绿道、仙居县永安溪生态绿道等一批特色绿道精品段落。浙江省最美绿道评选活动也得到了社会各界的积极参与和普遍欢迎。

（二）建设情况评估

1. 建设规模

根据相关数据，浙江省已实现市、县绿道网规划全覆盖，实际建成各级绿道超过10000km。其

图1　浙江省省级绿道网布局规划（2012~2020年）

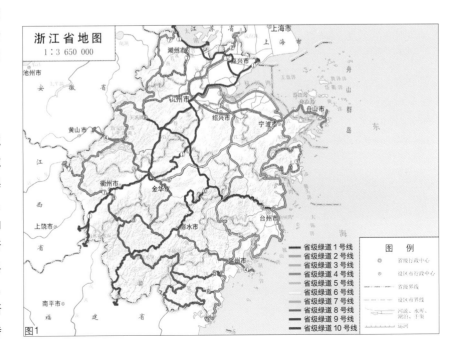

图1

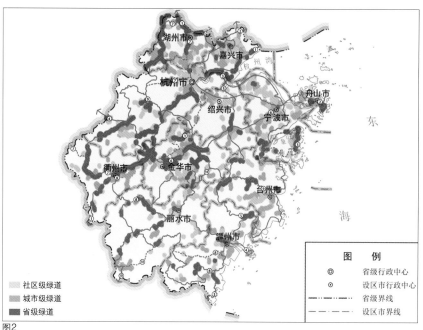

识体系配置情况比城市级和社区级绿道要完备。垃圾箱和活动场所的设施配置也相对良好，比较缺乏的配套设施是公共厕所和低等级的驿站。

从配置均好性角度分析，浙江省级绿道网当前标识设施、活动场地设施配置仍有待加强（表1），目前多数的标识设施都在 10 个以内，为绿道活动提供空间支持的载体数量和分布情况都有待优化提升。从配套设施的使用情况分析，部分设施尽管设在绿道网范围内，但有效服务水平和动态维护工作仍然有限。

3. 分布均好性评估

从省级绿道的建设进度和空间分布情况来看，存在绿道线路和地区不均衡发展的特征（图3、图4）。整体实施较好的线路主要集中在 7 号线、1 号线、2 号线及 6 号线（图5）。实施较好的地区主要集中在环太湖地区、沿钱塘江地区、环千岛湖地区、浙中地区、衢州和丽水地区。依托滨水水系和既有驿道、森林步道等资源的滨水型、便道型绿道建设进度较好。

（三）省级绿道使用情况评估

从整体上看，研究范围内出行人口中有将近 1/3 的活动轨迹会落在绿道空间范围内，使用时间上集中在 8:00~20:00，使用时长在 1 小时以内

中已建成的省级绿道网约 2440km，与原规划中要求的建设规模目标有一定的差距（图2），同一时期城市级绿道和社区级绿道的建设长度和项目数量总和均超过了省级绿道。以省级绿道为示范，带动地方市县积极参与绿道建设，促进全省绿道成网、成系统的作用不断体现。

2. 设施配置

从设施配置覆盖率来看，浙江省级绿道网中标

图 2 浙江省级绿道已建情况分析示意图
图 3 每万人拥有省级绿道长度分析示意图
图 4 每平方公里省级绿道长度分析示意图

浙江省绿道网设施配置情况分析 　　　　　　表1

零配置的设施类型	零配置的省级绿道数量（个）	比例（%）	零配置的城市级绿道数量（个）	比例（%）	零配置的社区级绿道数量（个）	比例（%）
标识牌	35	20.5	117	21.3	231	38.0
厕所	89	52.1	243	44.2	334	54.9
活动场地	64	37.4	148	26.9	245	40.3
垃圾箱	45	26.3	119	21.6	186	30.6
驿站	108	63.2	346	62.9	444	73.0

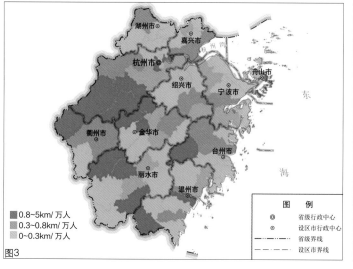

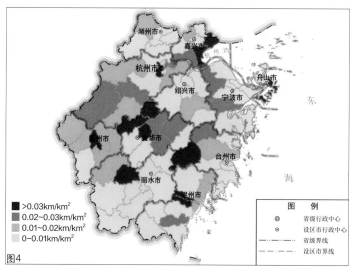

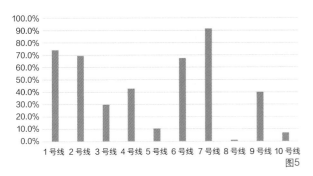 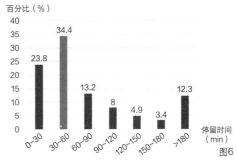

图5

图6

的活动占比将近六成（图 6）。说明绿道空间与慢行通勤空间的匹配程度较高，绿道实际上既承担了长时间停留性目的地活动场所的功能，同时也成为就近通勤交通出行的重要可选部分，对完善城市综合交通网络发挥了一定作用。

总体来看，浙江绿道规划 1.0 版本以省级绿道为纲，易建尽建、品牌初具，初步构建了全省绿道网络骨架，在品牌建设和服务民生上取得了良好开端，也为接下来的深化、优化、细化发展打下坚实基础。绿道规划实施评估集中反映了浙江省级绿道网建设存在省市推进不同步、空间分布不均衡、部门衔接不充分等良莠不齐的问题，并且在绿道的交界面对接、建设标准地方化方面也有一定探索，为下一阶段省级绿道规划 2.0 版本提供了较好的研究基础。

二、规划思考

（一）绿道定义的进一步认识

一方面是省级绿道的认知问题。省级绿道强调串联重要的自然、人文及休闲资源，它不等于更宽的绿道，也不等于硬化、涂装的绿道，其等级之高体现在串联节点、发展节点及辐射带动能力之强；建设标准则应因地制宜，宜宽则宽。另一方面，绿道不仅是骑行绿道，更应当是包含多种出行方式的综合慢行廊道。尤其浙江地形决定了有大量的山地

型绿道。省级绿道强调与环境协调，色彩不限定为红色，而应与使用要求和周边环境有机融合，不生硬突兀。不到位的认知都会引起绿道建设性破坏。

（二）绿道密度的研究

在绿道编制中绿道密度是较为重要的指标，它与区域发展程度、政策导向、城镇化率等因素相关，并直接影响规划总体目标、阶段目标以及各市未来建设指标的制定。项目组将国外、国内部分省及城市的城镇化率、人口、绿道密度等指标与浙江省已建绿道、规划绿道（2025 年、2035 年）长度进行对比分析（表 2），以此来最终确定本项目的规划指标：至 2035 年浙江省绿道总长达 9461km，每万人拥有绿道长度达 2.9km，并且各城市建成区绿道密度达到 1km/km^2。

（三）绿道建设标准与各部门标准的衔接

在项目调研及座谈过程中，各地反馈绿道存在各部门建设标准不统一，以及在申报过程中出现较难判断到底是不是绿道的疑问。另一方面，项目组认为绿道选线在串联资源的前提下，应优先考虑借用原有道路。故各部门之间标准的衔接问题尤为重要，经过对比分析本规划采取"正面清单准入 + 提出建设管理条件"的形式进行界定。例如绿道与交通部门的标准衔接，需要满足：

各地绿道密度情况分析　　　　　　　　　　　　　　　　　　　　表 2

国家 / 省市 / 地区	陆地面积（km^2）	城镇化率	人口（万人）	绿道长度（km）	绿道密度（km/km^2）	每万人拥有绿道长度（km/ 万人）
广东省	179700	70.7%	11521	18019	0.1	1.56
深圳市	1997	100%	1302	2448	1.2	1.88
福建省	121400	65.8%	3973	3119	0.026	0.79
福州市	11968	70.5%	780	1161	0.097	1.49
成都市	14335	74.41%	1658	2607	0.18	7.35
新加坡	724.4	100%	564	360	0.5	0.64
浙江省	105500	70%	5850（2019 年）	8754（已建）	0.08	1.5
		74.3%	6150（2025 年）	18000（规划）	0.17	2.9
		79.2%	6700（2035 年）	30000（规划）	0.28	4.5

公路等级、流量与慢行道设置要求分析   表3

公路等级和流量要求	速度要求（km/h）	慢行道断面形式	慢行设置最低要求
三、四级公路且交通量较小	车速 ≤ 40	并板	标识系统
二级公路且交通量较小	40 < 车速 ≤ 50	借用路肩（硬路肩 + 土路肩）	标识系统 + 地面标识标线区分警示
二级公路、一级公路	车速 > 50	硬隔离（隔离墩、隔离护栏、绿化等）	标识系统 + 硬隔离或不共板

（1）严格界定借道选线要求，一般不得直接借道国道、省道等干线公路及快速路、主干路等道路，宜借道县道、乡道、村道等非干线公路或城市次干路、支路等道路。

（2）符合借道断面形式及通畅要求：新建道路借道时同步考虑路幅设计；在不妨碍原有断面上动态交通要求下，优化已有道路断面，优先考虑硬质隔离或标线标识区分机动车道与绿道边界（表3）。

（四）未来绿道的几个趋势

2021年初绿道网建设纳入浙江省"交通强省三年行动计划"，要求因地制宜地推进城乡绿道网建设。浙江省"十四五"规划要求，建成省级绿道长度6000km，建成全省绿道长度20000km，打造富有诗画韵味的城乡绿道网。在新时代的新要求下，绿道越来越多地被关注、使用，也促使我们持续思考，未来的绿道是什么样的？有如下几个方向的设想：

（1）更聪明的绿道：科学评估绿道服务效益，提升绿道精细化管理水平。增强浙江省绿道使用的有效性目标；探索运用大数据优化绿道规划与使用的新方法。

（2）更多元的绿道：探索浙江省绿道网与风景廊道、诗路文化带、生态海岸带、十大名山公园行动、海岛大花园建设、上海大都市圈绿道网络协同等的关系。

（3）更具特色的绿道：探索挖掘地域文化和场所特征，形成更具特色的绿道。例如：嘉兴正在打造环南湖、环古城的，以"红船依旧，不忘初心"为主题特色的初心绿道；又如缙云依托瓯江山水诗路形成以"诗情画境，山水有道"为主题特色的滨水绿廊。

三、规划主要内容

《浙江省省级绿道网规划（2021~2035）》提出全面建设浙江绿道2.0的总体要求，具体实现全网络、强带动、推进品、善治理、优绿廊的五大突破性推进。

（一）全网络——进一步服务人民的绿道

对《浙江省绿道规划设计技术导则（试行）》进行优化、微调，夯实绿道分级分类，并且与交通、水利、林业等部门的规范标准衔接，以便兼容慢行道。构建更密的省级绿道网（图7），规划形成省级绿道总里程9152km，其中主线5266km，支线3886km。实现省级主线畅通、市县级结构明晰、社区级深入密布，三级联动服务人民生活。以社区绿道为切入点，提升绿道网络覆盖率。保证城乡居民骑行5分钟或步行10分钟可达社区绿道，让绿道更加深入人们的生活。并对应规划阶段目标：至2022年，完成省级绿道5000km主线贯通，重点推进环杭州湾、环南太湖、沿钱塘江、沿瓯江、沿诗路文化带、沿海防护林带的骨干绿道建设。依托自然禀赋和人文资源，打造一批具有地域特点的特色绿道；至2025年，建设省级绿道6000km，因地制宜组织交通绿道、森林绿道、滨水绿道、健身步道等建设，并串联成网。加强慢行绿廊、换乘衔接、休闲服务等配套设施建设和管护；至2035年，完成绿道总规模30000km以上，全面形成功能完善、布局均衡、智慧运维、特色多样、效益多元的全域城乡绿道网体系。

（二）强带动——进一步转化两山的绿道

绿道建设是落实绿色发展方式和绿色生活方式的重要载体。在上版规划的基础上，本次规划进一步梳理、更新全省各等级（核心、重要、一般）各类别（自然、人文和休闲）资源，以进一步强化绿道串联、带动的属性。将绿道打造成为联系城乡居民点、风景旅游点、休闲度假区、产业观光园的绿色廊道。编制形成各市分类资料清单及资源分布图。在十条绿道主线穿越或毗邻的基础上，形成毛细血管状的支线，网络伸入，串联带动。并且，规划形成各市分类资源清单及分布图纸，便于各市在编制省级绿道选线规划时进行有效串联、盘活特色资源、引入绿道经济，将生态优势转化为经济发展动能，实现"两山"转化，最终转化为人民切实的获得感和幸福感。

图7

图8

|风景园林师2022上|
Landscape Architects 025

图 7 浙江省省级绿道网规划
(2021~2035) 线路布局
平面图
图 8 浙江省省级绿道网规划
(2021~2035) 首批省级特色绿
道线位示意图

（三）推精品——进一步追求品质的绿道

强调品质绿道和特色绿道建设。针对省级绿道（主线或支线），提出八大特色绿道系列，分别为：名山特色绿道系列、森林特色绿道系列、河湖特色绿道系列、滨海特色绿道系列、田园特色绿道系列、古道特色绿道系列、诗路特色绿道系列、红色特色绿道系列。这是省级绿道干网确立后建设高品质绿道的重要抓手，也为培育未来的"浙江省最美绿道"，形成独具韵味的浙江绿道特色品牌奠定基础。本次规划完成第一批省级特色绿道申报（图8），形成覆盖八大系列的特色绿道共63条，总长

图9　智慧绿道研究——基于 sdk
　　　大数据分析的杭州市部分绿
　　　道使用情况

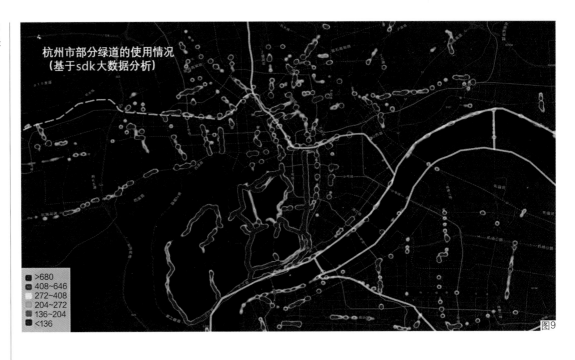

杭州市部分绿道的使用情况
（基于sdk大数据分析）

>680
408~646
272~408
204~272
136~204
<136

图9

2637km。至"十四五"规划期末，建设省级各类特色绿道1000km以上，形成独具韵味的浙江绿道特色品牌。

（四）善治理——进一步体现智慧的绿道

智慧绿道包括智慧的规划设计、建设和管理。本次规划首次运用sdk大数据进行绿道使用情况及需求分析，如"基于sdk大数据分析的杭州市部分绿道使用情况（图9）"以及"基于sdk大数据分析的千岛湖环湖绿道使用情况"。积极使用智慧创新科技辅助绿道建设，结合大数据分析，使用评价反馈等手段，修正线路布局，使线路更加精准落地，令使用者的体验能更加有效反馈，将绿道的使用评价纳入绿道建设考核，使辅助、反馈、评价和提升形成正向闭环。至2025年，力争培育10条以上全面覆盖智慧应用的绿道段。建设智慧管理运维绿道系统，完善包括监控、定位编号、智慧标识、景观照明、交互设备等智慧设施的建设。

（五）优绿廊——进一步强调生态的绿道

省级绿道绿廊空间应充分尊重不同层级国土空间规划中"三区三线"的管控规则。细化绿廊绿化要求，绿道沿线的绿化种植应与环境协调，优先选择乡土树种和耐养护的树种，做到适地适树，保障安全遮阴，视线通廊和局部节点凸显植物景观营造。呼应新时期我国"碳达峰、碳中和"的生态战略目标，绿道设计及建设全过程的生态要求越来越高，更应注重绿道建设材质的生态性。绿道慢行道路面材质的选择应尽量选用经济、环保、生态的地方材料。

四、规划思考

本次规划从实施评估开始力求更高效精准地找到规划、建设、政策等方面地问题，在深化规划内容的同时微调了《浙江省绿道规划设计导则》，以期更好地指导全省各地绿道线路落地。绿道建设是一项民生实事工程，被越来越多人的所关注，每年开展"浙江最美绿道"评选，至2022年由公众投票形成50条最美绿道，本次规划拓展了特色绿道专项规划，期望更有计划、有系列地培育未来的最美绿道。此外规划还深化了大数据专项规划以期更好地对接国土空间规划，更智慧地引导后续的绿道设计、建设和管理。回顾来看，本次规划在系统性、完备性方面仍有不足，后续可以从标准衔接、选线深化、各级绿道衔接等方面进行深化。

项目组成员名单
项目负责人：赵　鹏　余　伟　柴舟跃
项目参加人：陈佩青　李星月　徐　剑　陈桂秋
　　　　　　赵　栋　郑　莹　陈　弘　王贝贝

梯度转化　自然共生

——江苏盐城九龙口旅游度假区总体规划研究

同济大学建筑与城市规划学院，上海同济城市规划设计研究院／吴承照　潘维琪　郑娟娟

提要： 本规划基于自然保护地入口社区和特色小镇发展理念，以入口社区生态资源为核心载体，通过生境修复引导生态产品输出，提出区域发展、场地营造、活动组织等多层级、多维度的规划策略，以度假区概念整合社区资源，实现生态价值的梯度转化，践行"绿水青山就是金山银山"的绿色发展模式，促进人与自然和谐共生的乡村发展。

引言

2017年《国家公园体制建设总体方案》明确提出在保护地外围建设入口社区和特色小镇，2021年4月26日，中共中央办公厅、国务院办公厅印发了《关于建立健全生态产品价值实现机制的意见》，为保护地外围区域发展指明了方向。生态产品价值实现机制是自然保护地生态保护与地方发展协调平衡的关键所在，在自然保护地外围，将保护地生态系统服务功能作为一个"转化器"，把保护地生态资本优势同社会发展生态需求之间建立一种连接，引导、促进生态系统服务功能转化为地区产业发展的动力，建构基于生态价值的产品链、产业链、就业链，实现保护与发展的双赢。旅游度假区建设是自然保护地外围实现价值转化的一种重要形式，是一种以旅游发展为导向的生态价值"转化器"。

一、项目概况

九龙口旅游度假区位于江苏省盐城市建湖县九龙口镇，毗邻九龙口国家湿地公园，规划面积18.6km²，空间范围包括国家湿地公园实验区、九龙口省级风景名胜区（15km²）、基本农田、九龙口镇城镇开发边界（3.6km²）等管控区（湿地公园、风景名胜区的核心保护区已划入生态红线范围），用地性质比较复杂（图1、图2），涉及九龙口村等6个行政村。

二、规划理念与目标

大尺度原生态湿地景观是基地最突出的景观特征，旷野之美是最大的景观感受，九龙奇境是全国

图1　九龙口度假区区位示意图

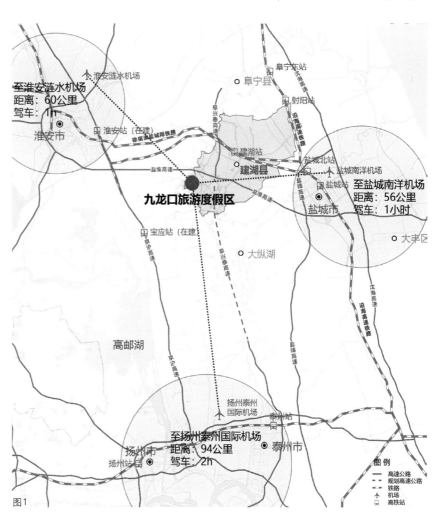

图1

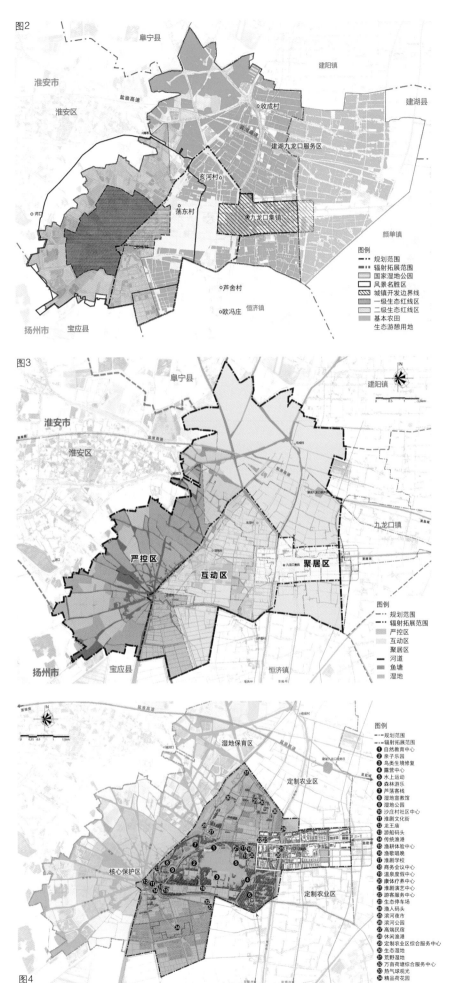

图2

图3

图4

少有的景观特色。

度假区最大优势是生态资本优势，如何借国家湿地公园之生态资本，让这片土地变成"金山银山"？生态固本是关键，筑巢引凤，恢复生境，以鸟群吸引人群；坚持综合发展理念，以农业产业链延伸休闲教育产业链；突出重点，以商务休闲、自然教育、家庭度假为主体。项目打造以裸心荡、康养村、天籁音、原生态休闲产品为特色的国家湖荡湿地旅游度假区。

三、规划策略

（1）以九龙口国家湿地公园为依托，修复、完善保护地生态系统结构，恢复鸟类生境多样性，以鸟群吸引人群。

（2）以九龙口镇为服务中心，提升九龙口镇服务功能，在镇与保护地之间建构人地共生的生态产品价值转化区；受多层上位规划的影响，场地内涉及一级生态红线、二级生态红线、基本农田及城镇开发边界线。为了优化空间管控，明确各区的保护发展内容，将基地分为三区：严控区、互动区、聚居区。严控区即需要保护的区域，要严格控制游客和居民活动，保护生态环境及传统文化生态。聚居区为村镇居民及游客集中活动区域。互动区即保护与发展的缓冲协调区域，开展人与自然互动体验等相关项目。通过对不同分区提出保护与发展相关要求，来协调和开展各类保护发展工作（图3）。

（3）以九龙湖荡生境修复为核心，打造生境、文境、心境三境合一，声、光、空、味、色、物等六境一体的游憩境域（图4）。

（4）以环区河道为脉，打造连接历史与未来、兼顾保护与发展的生态风景廊道（图5、图6）。

（5）策划多样的生态游憩活动，推动生态产品价值的实现。结合6个分区的项目设置，建设9个游赏集中体验点，提供30多种休闲游憩活动。形成一镇四村、一道三港、九业并举、五区集成的空间格局，即：淮剧小镇、稻香村、温泉村、野奢村；一条环形风景绿道串联市集渔港、传统渔港、休闲渔港；在5个不同功能区分别创新自然教育、休闲康养、科技农业、休闲渔业、户外运动、文化

图2　九龙口度假区同多类管控区关系示意图
图3　九龙口度假区保护与发展协调分区示意图
图4　九龙口度假区总平面图

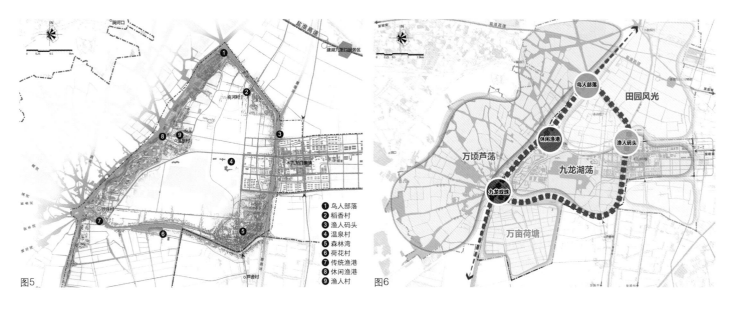

图5

图6

体验、观鸟摄影等生态产品，配置适应社会需求的
特色服务和基本服务等，打造苏北湖荡湿地特色的
国家度假区（图7、图8）。

（6）辐射长三角经济区，适应区域社会生态
需求。加强区域联动，整合区域资源，实现保护效
益最大化。九龙口地处盐城、淮安、扬州三大城市
旅游圈的中心。依托优越的湿地资源，向西连接京
杭运河文化遗产带；向东沟通黄海及其世界性的沿
海湿地自然遗产带。以九龙口为核心引领，驱动县
域西部旅游资源开发，打造一核两翼、一轴四区的
建湖西部旅游发展格局。

四、空间布局

（一）基于湿地公园的五类生境修复恢复体系

从鸟类生境多样性角度，基于现状土地使用性
质，打造五类生境区：荒野生境区、湿地生境区、
湖荡生境区、农田生境区、荷塘生境区（图9）。

（二）双核双心 一环五区

以淮剧小镇、休闲小镇为双核，以温泉度假中
心、渔乡野奢中心为高端度假产品，打造蚬河—蔷
薇河—亥河—城河十里画廊风景道，有机组织五大
功能区：核心保护区、湿地保育区、深度体验区、
万亩荷塘区、定制农业区，形成九龙戏珠、龙凤呈
祥空间格局（图10）。

（三）道路交通与游线规划

规划一主二次入口，所有外来大巴车、自驾
车均停放在入口处，有5种交通方式可供选择：
步行、自行车、电瓶车、循环巴士及水上交通，

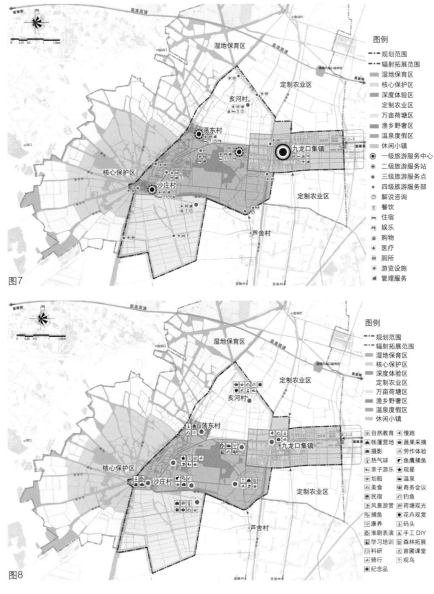

图7

图8

图5 九龙口度假区滨水环线平面图
图6 九龙口度假区景观体系规划图
图7 九龙口度假区服务设施规划图
图8 九龙口度假区游憩活动规划图

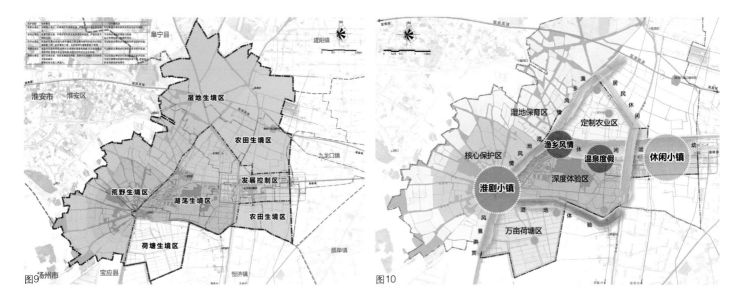

图9 扬州市

图10

图11

规划合理衔接的换乘体系，给游客丰富又便捷的游览体验。

9条特色游线：十里画廊线、深度体验线、运动活力线、湿地观鸟线、荷文化体验线、农耕体验线、生态观鸟线、风景游赏线、国际半程马拉松线（图11）。

（四）土地利用规划

在严格坚持生态红线、基本农田线、城镇开发边界线的基础上，合理安排度假区重点项目建设用地。保留现状风貌良好的乡村聚落：沙庄村、荡东村、亥河村。部分零星分布居民点统一集中到九龙口镇。

图9 九龙口度假区湿地生境体
　　系规划图
图10 九龙口度假区规划结构图
图11 基地特色游线规划图

九龙口度假区用地规划一览表　　　　　　表1

用地大类	用地中类		面积（hm²）		占总用地（%）		调整面积（hm²）	备注
			现状	规划	现状	规划		
度假区规划用地（除去九龙口集镇）	生态游憩用地		77.3	305.9	5	20	228.6	部分一般农用地转化为可供休闲游憩地块
	旅游服务设施用地		17.1	53.9	1	4	36.8	提供餐饮、住宿、换乘等旅游服务
	居民社会用地		52	20.4	3	1	−31.6	保留部分旅游利用价值高的村庄
	交通与工程用地		18.3	24.5	1	2	6.2	完善交通体系
	耕地	小计	1076.1	796.6	72	53	−279.5	严格保护基本农田
		基本农田	575.2	575.2	38	38	0	
		一般农用地	500.9	221.4	34	15	−279.5	多数转化为游憩用地
	水域		216.1	300	14	20	83.9	适当梳理水系
	滞留用地		19.4	0	1	0	−19.4	
	工矿用地		25.1	0	2	0	−25.1	
总计			1501.3	1501.3	100	100		

五、规划特点

（一）生态修复与产业发展相结合

尽管规划区在保护地外围，但依然坚持整体生态系统思想，针对保护地生境退化、鸟类数量减少、农业效益低下的现状，提出生态修复与生态价值创新相结合规划思路，保护湿地文化和人文生态系统，退塘还湿，恢复地带性自然生态系统，发展高品质有机生态农业和荷塘景观休闲农业，以鸟群吸引人群，以景观品质滋养心灵，以多样活动释放激发社会活力，以健康效益提升社区综合收益。

（二）防洪治理与水生态系统综合效益相结合

由于地处里下河平原地区，每年夏季均面临洪水威胁，目前于规划区内交会的河流有9条，七进二出，圩堤防洪是基地首要任务。受季节降水影响，河流水位变动在0.76~2.78m，当地居民在沿河流的村庄边缘堆起3~3.5m的河堤，在河堤处设有若干水闸用于泄洪、防旱及日常的农作灌溉。本规划基于传统的旱涝防御体系，将圩区蓄洪能力提升、自然生境修复、圩堤景观优化相结合，通过圩区退塘还湖、河道疏浚、河网密度调整等措施实现储水能力提高20%。

（三）水乡文化复兴与乡村发展相结合

历史上九龙口居民以捕鱼为生，形成独具特色的苏北湿地文化体系，从以淮剧为代表的精神文化到民居形态、水生作物、生活美食、生产生计等物质文化，无不与水有关，居民生活生产融入湿地生态过程中。近20年来由于湿地淤积过程明显，现代农业过量使用化肥、农药等，适应不同鸟类栖息需求的生境不断减少，进而鸟类数量不断减少，生态系统服务功能在下降；同时居民外出务工人数不断增加，空心村比较普遍。时代发展，社会生态需求日益增加，如何在利用保护地生态价值的同时去适应社会需求、振兴乡村成为本规划要重点解决的问题。本规划从旅游度假区发展目标出发建构三个维度的生态产品链与产业体系：文化生态产品链、生态农业产品链、自然生态产品链，构建以特色村落为依托的服务体系和生态体验产品体系，驱动乡村转型发展。

（四）畅通最后1km，融入区域发展体系

无缝接轨建湖西部旅游线路，实现西部旅游整体发展，完善同高铁、机场、高速等外部快速交通体系的对接，积极开拓周边区域旅游市场，打造面向长三角地区的假日休闲公园。

六、结语

旅游度假区类型多样，规模大小不一，其共同特点是要有适应市场需求的核心产品与核心竞争力。这个核心产品来自两个方面：一是地域特色，独一无二；二是人为创造，无中生有。前者需要精心制造度假产品，后者需要独具创意、技术与资本。对于九龙口度假区来说，地处经济发达地区边缘地带，毗邻国家级自然保护地，生态优势是其最大优势。与此同时度假区发展也面临自然保护地建设、湿地生境保护与修复、场地内居民生产生活等一系列问题。生态产品价值实现成为平衡多重关系的关键所在。区域层面，国家生态保护的趋势及政策条件的支持为该地自然保护地建设及生态保护提供了动力；场地层面，湿地生境的保护与修复提升了场地的生态系统服务功能，为度假活动的开展提供了更加优质多元的环境；项目层面，将生态价值融入度假业态，为度假区及所在地区带来直接效益，实现梯度转化、自然共生的目标。

项目组成员名单
项目负责人：吴承照
项目参加人：潘维琪　王晓琦　何　虹　寇梦茜
　　　　　　郑娟娟　王　鑫　徐　政　余和芯
　　　　　　欧阳燕菁

绿色空间与公园城市融合构建研究
——以四川成都东部森林为例

成都市公园城市建设发展研究院／陈明坤 冯 黎 白 宇 冉语卿

提要： 本文以成都东部森林构建为例，从宏观、中观和微观三个层面提出森林空间与城市空间融合构建的策略，构建公园城市的绿色基底，塑造林城共融、城乡无界森林形态，营造林人共生、品质森林场景。

引言

在公园城市的核心六大价值中，首居其位的就是绿水青山的生态价值，其内涵是深入践行"绿水青山就是金山银山"理念，构建山水林田湖草生命共同体、布局高品质绿色空间体系，将"城市中的公园"升级为"公园中的城市"，形成人与自然和谐发展新格局。因此，探索绿色空间与城市空间融合构建是公园城市建设的基础性、前置性、关键性工作。森林被誉为"地球之肺"，是有生命的绿色基础设施，也是绿色空间中不可替代的景观类型。本文以成都东部森林构建为例，提出东进区域森林构建策略，以期实现绿色空间与城市空间有机融合。

图1 东进区域在成都市的区位图

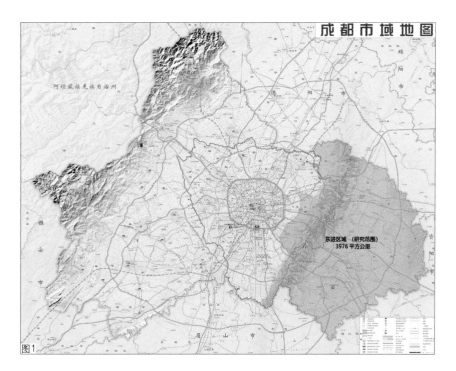

图1

一、摸清本底

（一）成都东进区域概况

成都市委十三次党代会提出，坚持"东进、南拓、西控、北改、中优"，促进城市可持续发展（图1）。"东进"就是沿龙泉山东侧，规划建设天府国际空港新城和现代化产业基地，发展先进制造业和生产性服务业，开辟城市发展新空间，打造创新驱动发展新引擎。东进区域包括：简阳市全域、金堂县全域、龙泉驿区车城大道以东区域以及青白江区、天府新区直管区的龙泉山区部分，涉及84个乡镇，面积3976km²，约占成都全市面积的28%，人口235万人，约占成都全市人口的15%。东进区域既是成渝地区双城经济圈建设的新支点，又是公园城市示范区建设的新典型。

东进区域总体蓝绿空间（生态空间和农业空间）占比达84.24%（图2）；从山水林田生态要素展开分析：山——西侧为龙泉山，中部为浅丘区域，沱江河谷从中穿过，东侧为深丘；水——地处岷江、沱江流域，水域面积占东进区域面积的4.8%，属于成都市域径流低值区，存在水资源总量匮乏、时空分布不均等问题；林——现状森林覆盖率31.22%（图3），相较于成都市森林覆盖率40.2%有较大提升空间；田——现状耕地占东进区域面积的48.79%，其中，基本农田占比高达32.59%。

（二）现状森林评析

东进区域现状森林总面积1241km²，森林覆盖率31.22%；区域内森林覆盖率较高的为龙泉山

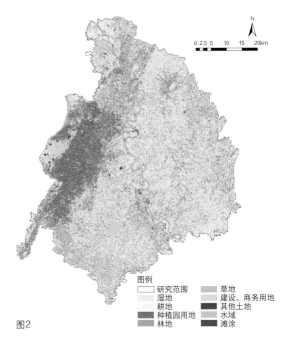

图2

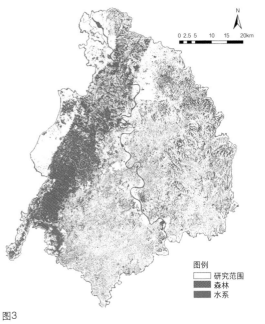

图3

图 2　现状蓝绿空间分析图
图 3　现状森林分布图
图 4　MSPA 分析图

地区（54.28%），但相对于成都西侧龙门山脉和都江堰精华灌区森林覆盖率仍偏低，且生态环境有逆向发展的趋势；东部深丘、浅丘区域森林覆盖率较低（21.31%）。

采用形态学空间格局分析（MSPA）方法分析得出（图 4、表 1）：核心区斑块总数 223 个，总面积 151km²，占森林总面积的 12%，主要分布于龙泉山南段区域及东部深丘区域；孤岛斑块总数 2749 个，总面积 499 km²，占森林总面积的 40%，主要分布于中部浅丘区及城镇建设区范围；桥接区、环道及支线等廊道空间总面积 507 km²，占森林总面积的 41%，沿主要河流、道路尚未形成明显的森林廊道。

总体来说，东进区域蓝绿空间充足，但林地总量低，空间破碎，高脆弱度区域在东部区域局部呈细碎点状零散分布，并在龙泉山区域呈数个小团块状分布，亟须通过森林局部增补，营建整体的森林基底，增强森林健康。

二、辨明方向

（一）规划定位

坚持生态优先、绿色发展，落实公园城市建设理念，保护、修复绿色基底，构建生态优良、生物

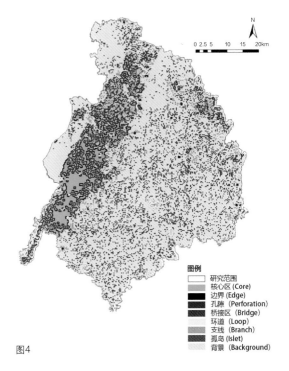

图4

MSPA 分析结果				表1
类型	含义	总面积（km²）	面积占比（%）	斑块数量（个）
核心区（Core）	大型斑块	151	12.17	223
孤岛（Islet）	孤立、破碎的小型斑块	499	40.23	2749
桥接区（Bridge）	连接至少两个不同核心区的带状生态用地	377	30.38	355
环道（Loop）	连接同一核心区的带状生态用地，与外围自然斑块连接度低	30	2.45	90
支线（Branch）	仅一端连接到核心区，景观连接度较差	100	8.04	931
孔隙（Perforation）	核心区内的孔洞边缘，由背景组成	5	0.41	12
边界（Edge）	核心区的外边缘地带，具有边缘效应	78	6.32	585
合计	—	1241	100	4945

规划准则		表2

生态优先	保护原始地形地貌和生态安全格局,保护原生动植物资源,体现植物多样性和生物安全性,力争植物种类达到1000种;引进先进的生态技术,修复受损山体、水体、土壤生态
系统完善	强化生态空间的整体性、系统性、连通性,通过科学的策略扩展生态斑块,构筑生态绿廊,织就生态绿网
特色景观	"一城一风貌、一区一特色",形成不同分区新城空间识别性,增强城市显示度
功能复合	以生态功能为基础,在绿地景观中融入天府文化、生态文化、创意文化和服务业态特色,实现生态、游憩、居住、工作等功能高度融合
场景营建	以人的需求为中心,围绕全方位、全龄化、多层次、多样化需求,叠加营建生态场景、休闲场景、消费场景、生活场景、文化场景等多场景,促使生态价值转化
绿色低碳	在规划、设计、建设的各阶段,适地适树,适景适树,营建耗水少、成本低、维护少、管理易的近自然植物群落

多样、功能复合、景观优美、特色鲜明、业态融合的"公园城市·未来之城"东部森林景观系统。

(二)规划准则

围绕美丽宜居公园城市从"产、城、人"到"人、城、产",从"城市中建公园"到"用公园城市的理念建城市",从"空间建造"到"场景营造"的3个转变,落实六大准则(表2)。

三、规划路径

从宏观、中观和微观3个层次构建多尺度、多功能、高品质的森林系统。

(一)宏观层面:以绿为底,以城为图,完善全域森林体系

对接成都市总体规划、长江(经济带)生态涵养带规划等,结合山水林田湖草居基底,将龙泉山、沱江、绛溪河、市域森林、东部农田、三岔湖、龙泉湖、市域草地、新城等自然资源进行

整合,将森林系统嵌合至整体山水林田湖草居之中,创新提出"保、补、增、筑"森林营建策略(图5~图8),铺就公园城市绿色肌理。

"保"即保护现有森林资源,针对城镇规划区外的乔木林地、竹林地、灌木林地、其他林地,主要采取以保护为主的措施。"补"即城镇规划区内,依托各类城市绿地,提升乔木种植比例,由"城市绿化"创新转型为"城市森林化"。"增"即政策增绿,制定标准、出台政策,鼓励园地、草地、水域、湿地、其他土地转化为林地,依托东进区域大范围的农田,铺设农田林网。鼓励乡村聚落林盘化,针对居民、村落结合业态造林进行奖励,大的院落探索新时代、生态优先的乡村聚落林盘化,打造"森林人家"、新型聚落林盘等;小的院落结合地区特色资源,打造多元化天府森林人家、天府森林康养基地、天府森林院落。"筑"即构筑东部森林"点—网—轴—片—带—楔"交织的绿斑—绿廊—绿网生态骨架,沿河流绿廊和道路林廊,在东部大面积区域编织蓝绿网络,形成密布成面的林网体系,串联保护基底重要节点及斑块。

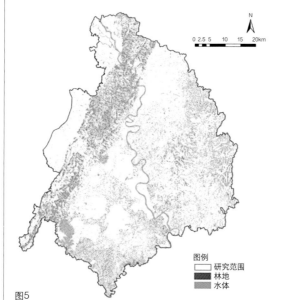

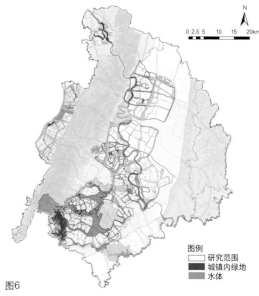

图5 受保护的森林资源
图6 城镇开发边界内补充的森林

图5

图6

规划至 2035 年，东进区域城镇规划建设全面完成实施，东进区域森林覆盖率从现状的 31.22% 提高至 43%。

（二）中观层面：林城共建，景城一体，构建城乡无界森林

立足全域，识别核心生态资源，强化龙泉山生态绿心引领作用，对龙泉山、沱江、绛溪河、龙泉湖、三岔湖等主要山水空间进行修复提升，以山为基，以水为链，塑造"山水幽栖，芳彩相映，林田簇拥、蜀风雅韵、开放融洽、清新明亮"的东进区域森林景观印象。构筑"一山、一水、十九绿廊、六片、公园棋布"的森林空间结构（图 9），塑造龙泉山山地彩林、沱江—绛溪河滨水森林、十九条道路森林廊道、六片城市森林以及多个湿地森林片，通过渗透多条大型指状森林，形成山水联通的无界森林。

1. 龙泉山山地森林

重点打造龙泉山彩色立面，形成彩绿交织的环城森林场景。通过彩化山地观赏坡面和山地关口的森林生态林、森林风景林，打造大尺度彩色山林基底，促进郊野旅游消费。以森林公园、森林绿道、森林生态林为主要载体，对龙泉山生态脆弱区域进行生态修复，焕发区域绿心，强化龙泉山对城市的生态效能。规划森林覆盖率从 56.5% 提升到70.5%。

2. 沱江—绛溪河滨水森林

沿沱江—绛溪河水域（在东进区域的范围长143km），规划宽 200~2000m 的滨河两侧生态绿隔区，连接东进区域内重要城市建设区域（如：淮州新城、金堂县城、简州新城、简阳城区、空港新城）与重要生态区域（如：龙泉山城市森林公园、多个风景区等）；沱江—绛溪河生态轴是东进区域的核心生态骨架，将支撑形成拥江发展、人城境业高度和谐统一的大美城乡形态，是长江上游重要生态屏障。

3. 十九条道路森林廊道

包含东西轴线森林、二绕田园绿道森林、成都经济区环线高速公路、机场高速、成渝高速、成安渝高速、成南高速、巴中高速等，充分与廊道周边各空间形态相衔接，以大尺度生态廊道引领城市空间布局，以网络化绿道空间体系引导城市功能品质提升，形成绿道先行、空间串联、生态资源融合的生态廊道空间。规划至 2035 年，建成区域级、城区级、社区级三级绿道网络共 3860km，其中区域级绿道 420km、城区级绿道 1260km、社区级绿

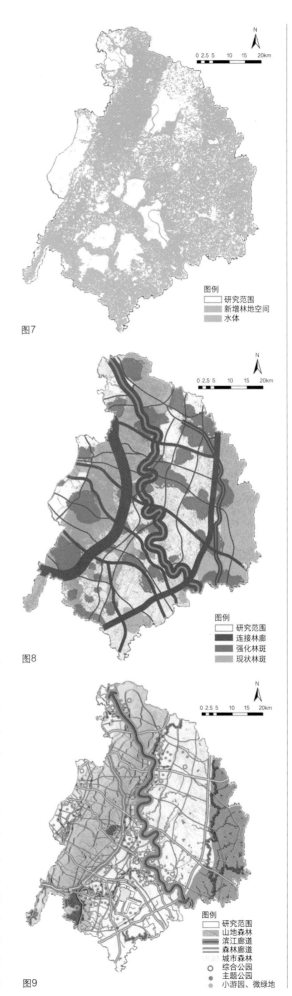

图7

图例
研究范围
新增林地空间
水体

图8

图例
研究范围
连接林廊
强化林斑
现状林斑

图9

图例
研究范围
山地森林
滨江廊道
森林廊道
城市森林
○ 综合公园
● 主题公园
· 小游园、微绿地

图 7　增绿潜力空间
图 8　构筑森林生态骨架
图 9　森林空间结构

场景一	生境森林 ——和谐共生的游憩场景	在森林植物园、湿地公园中打造人与动植物和谐的生态森林健康基底，吸引市民来到优质的自然环境中进行游憩消费
场景二	健康森林 ——身心疗愈的度假场景	通过森林公园、森林绿道的升级转型，打造以人为本的康养疗愈度假空间，优化森林康养度假产业
场景三	郊野山林 ——多彩亮化的旅游场景	通过彩化山地观赏坡面和山地关口的森林生态林、森林风景林，打造大尺度彩色山林基底，促进郊野旅游消费
场景四	山水林廊 ——生态串联的漫游场景	结合森林林荫道、森林生态绿道，打造林廊沿线生态漫游的场景
场景五	森林驿道 ——文保纪念的观光场景	甄别遗产保护与重现区域，以森林绿道、森林公园、郊野公园串联打造线性历史纪念游赏空间，发展建设遗产纪念观光产业
场景六	森林景区 ——文旅游憩的科教场景	结合风景名胜区、森林公园，提升林中眺望设施，融合城市与自然景观，强化森林文化属性，创新培育森林文旅科教产业
场景七	邻里森林 ——绿色共享的互动场景	打造15分钟全龄共享、高效便捷、游乐互动的邻里森林生活空间
场景八	森林绿道 ——多彩飘香的运动场景	依托丰富的植物资源，打造芬芳四溢的出行空间，结合慢行体系，布置共享健身器材、运动服务设施，提供运动消费环境

道2180km；全面建成"三级绿道＋四级驿站"绿道系统；塑造"于山中登高览胜、于湖边戏水游赏、于城市望山见水"的慢行休闲体验。

4. 六片城市森林

包含空港森林、淮州森林、简州森林、简阳森林、龙泉驿森林和金堂森林。在城市内，结合各类绿色设施，构建森林中心公园、社区公园、口袋公园、居住区公园多级林园体系，形成邻里森林生活圈，由"城市绿化"创新转型为"城市森林化"。叠加营建生态场景、休闲场景、消费场景、文化场景等多类公园城市场景。同时强化新城植物景观识别性，实现"一城一风貌、一区一特色"。

（三）微观层面：林人共生，以人为本，打造品质场景森林

以人的需求为中心，围绕全方位、全龄化、多层次、多样化需求，叠加营建生态场景、休闲场景、消费场景、生活场景、文化场景等多场景，促使东部森林生态价值转化（表3）。

四、结语

森林生态系统是重要的生态系统服务供给端，对改善地区生态脆弱度、完善整体自然格局并实现生态保育起到决定性作用，成都东进区域森林构建是公园城市理念的一次探索实践，研究如何构建城绿相融的东进区域森林对于提升公园城市的生态价值，实现全域城乡空间一体和森林空间落地，打造走向世界的未来之城具有重要意义。

项目组成员名单
项目负责人：陈明坤
项目参加人：冯 黎 白 宇 周里云 冉语卿
          陈 婷 钟秋平 王 雯 高灵敏
          张 雪

正向干预的自然教育场域设计

——海南海口五源河蜂虎保护小区实践

深圳市北林苑景观及建筑规划设计院有限公司／蒋华平　王　威　张梦真

提要： 本项目探索了海南省海口市五源河蜂虎保护小区的生态修复、生境提质、景观营造和自然教育场所建设，为鸟类"蜂虎"营造繁殖、筑巢、觅食等生存需求的家园，为市民提供良好的自然教育体验。

一、项目背景

海口市以湿地城市建设为突破口，在湿地保护利用、建设管理、宣传教育等方面进行了卓有成效的探索，将湿地保护恢复作为创建人民幸福家园的民生工程，扎实有效推进海口生态文明建设。

海口五源河下游蜂虎保护小区是 2019 年 6 月海口市政府批复成立的以保护蓝喉蜂虎（*Merops viridis*）、栗喉蜂虎（*Merops philippinus*）为主要目标的自然保护地。场地位于海南省海口市西海岸，五源河下游，临近主城区，西至长滨路，北至滨海大道，毗邻海口五源河国家湿地公园，占地面积约 8.36hm²。

二、蜂虎资源研究

（一）蜂虎生物学及生态学特性

蓝喉蜂虎、栗喉蜂虎属于鸟纲佛法僧目蜂虎科蜂虎属夏候鸟，每年 3~8 月飞临海口，均为国家二级保护动物，被誉为"中国最美小鸟"。蜂虎属鸟类体型小巧，机动性强，捕食效率高，适应森林、草原、荒漠、田野、湿地等多种生境。蜂虎营巢地影响因子包括巢区沙土含沙量、断崖新旧、巢区面积、裸露度、最下巢与地面距离、坡度、昆虫资源丰富度、场地开阔性等。

（二）蜂虎种群调查

据海口畓畓湿地研究所调查，2018 年 5 月场地内首次发现栗喉蜂虎身影，26 只蜂虎在这里筑巢繁殖。2019 年开展栖息地保护及第一轮生境营造，蜂虎数量增加到 56 只。2021 年开展新一轮生境营造后，蜂虎数量达到 72 只。

（三）蜂虎栖息地调查

2017 年场地内发生了大规模采沙，形成了大量沙质崖壁和水坑，场地四周高、内部低，西侧、北侧接市政道路，东侧接湿地公园主园路。海口市林业部门随即开展生态修复，在采沙迹地上种植木麻黄。2018 年 5 月首次记录蓝喉蜂虎、栗喉蜂虎在场地西北部沙质断崖上筑巢繁殖，这是离海口市区最近的蜂虎分布点，而后海口市政府批复成立海口五源河下游蜂虎保护小区（图 1、图 2）。

场地自然生境条件存在水系未连通、人工林植物群落稳定性低、可供蜂虎营巢的断崖不足、周边城市噪声及光污染等系列问题，不满足蜂虎种群可持续发展的需求；场地内除一处简陋观鸟屋外，无其他科普设施。如何通过生态、景观的措施来解决

图 1　场地现状航拍图

图1

图 2 蜂虎现状营巢地
图 3 方案平面图
图 4 功能分区
图 5 观鸟生态中心

图2

图例
① 入口大门
② 社会生态停车场
③ 内部生态停车场
④ 公厕
⑤ 蜂巢展廊
⑥ 草阶看台
⑦ 生态观测站
⑧ 观鸟通道
⑨ 观鸟生态中心
⑩ 蜂虎营巢地
⑪ 林荫坐凳
⑫ 森林课堂
⑬ 赏鸟观景长廊
⑭ 木栈道
⑮ 科普长廊
⑯ 观鸟塔
⑰ 湿地景观
▶ 主入口
▷ 次入口

图3

图4

图5

蜂虎生存问题，实现生态修复、生境提质与自然教育的有机结合，是本项目所面临的挑战。

三、场域设计实践

设计以蜂虎种群保护、栖息地修复、自然教育为主要目标，期望为"最美小鸟"打造生态家园，为海口增添生态名片。为实现保护小区的可持续发展，项目组充分研究了场地现状条件和蜂虎生物学、生态学特性，结合水系梳理、生境修复、营巢地整备，提出了设计方案，并根据蜂虎栖息地管理维护的需要，将保护小区划分为栖息地管理区和缓冲区（图3、图4）。

项目结合生态保护、生境修复、自然教育、分期建设等需求，提出三个方面的设计策略。

（一）保护策略

动态管理保护地。以保护地的可持续发展为目标，划定核心保护区，在夏季蜂虎繁殖期加强栖息地管理，严格控制人为干扰；在冬季蜂虎非繁殖期结合保护地环境资源开展湿地科普、冬候鸟观察等活动。

限制进入保护小区的游人数量，实行预约制。结合景区面积、蜂虎习性、管理分区、游览时间等因素，分别测算夏季、冬季蜂虎栖息地管理区和缓冲区的游人容量，并以此作为游客预约数量指标。

尽量降低人的活动对蜂虎产生的不利影响。观鸟设施采用生态设计方法，与环境融为一体，且设施与蜂虎营巢地保持安全距离；在园路面向蜂虎营巢地一侧设置木隔板；将人流较大、需求度较高的设施布置在缓冲区（图5~图8）。

设置鸟类监测系统。动态观测蜂虎栖息、觅食、繁殖、营巢等行为，为保护方案、生境营造、自然教育等提供数据支持和决策依据。

（二）生境修复策略

梳理现状水系。结合现状地形，优化场地水系结构，连通场地内现状水塘，拓宽水域面积，改善池塘底部土壤条件。将场地内水系与五源河湿地水系相连通，改善水动力。

改善现状生境。基于蜂虎的需求和活动特点，结合水系梳理、植被更新，新增溪流湿地、沼泽湿地生境，并对原有的池塘湿地、草地、林地生境进行生态提质。通过提升现状生境及营造新生境，巩固蜂虎食物链，并为其提供充足的活动空间，营造

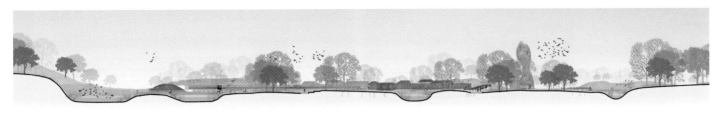

| 池塘湿地 | 林地 | 草地 | 林地 | 溪流湿地 | 图9 |

水清、草盛、蜂飞、蝶舞、鱼嬉、鸟乐的自然乐园（图9）。

蜂虎具有栖息地忠实性，只有可持续地供应新断崖才能满足蜂虎的营巢需求。基于蜂虎营巢地适宜性分析，适宜营巢的区域位于场地西北部、东部及南部，主要采用既有断崖修复、新建陡坡断崖和下沉断崖三种方式进行生境修复和营造（图10~图13）。

既有断崖修复在蜂虎非繁殖季节开展，主要清理旧巢穴内的食物残渣、排泄物等，并消毒除病菌，清理后回填原有巢穴，重新抹平并加高、加固坡面。

选择现状沙土坡面坡度较大的区域新建断崖。首先清理区域周边植被，扩大水域面积，加高加固沙土坡面，坡面采用含沙量80%~90%的沙土，

压实度达到70%~80%。由于场地四周断崖沙土坡面数量有限，项目组探索利用场地中间的凹陷区域建设环形下沉式断崖，以吸引蜂虎营巢。

（三）自然教育策略

基于环境容量，结合保护地资源特点及游客需

修复类型
新建类型（堆坡）
新建类型（下沉）

图10

图6

图11

图7

图12

图8

图13

图6　栖息地管理区内园路
图7　蜂巢展廊
图8　观鸟塔
图9　生境剖断面图
图10　蜂虎营巢地生境修复规划图
图11　既有营巢地修复效果图
图12　新建堆坡营巢地效果图
图13　新建环形下沉营巢地效果图

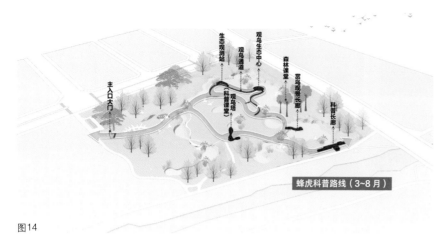

蜂虎科普路线（3~8月）

图14

候鸟观测路线

湿地科普路线

图15

图14 蜂虎科普径示意图
图15 候鸟观测径、湿地科普径示意图

求，设计了蜂虎科普、候鸟观测和湿地科普3条主题科普路径（图14、图15），科学安排自然教育活动。蜂虎科普主题路线主要位于核心区，以繁殖季（每年3~8月）的蜂虎营巢地为中心展开，观察蜂虎飞翔、捕食、哺育等有趣的行为，开展蜂虎科普课堂、摄影等活动。采取专人导览的形式，针对成人及青少年儿童制定不同的导览计划。

海口是东亚—澳大利亚候鸟迁徙线上重要的越冬地和停歇地，蜂虎保护小区及其毗邻的五源河国家湿地公园丰富的湿地资源吸引了大量候鸟前来栖息觅食。在非蜂虎繁殖季，开展冬候鸟观察活动。

湿地科普路线位于保护小区南侧缓冲区，主要开展湿地动植物导览、自然笔记、摄影大赛及萤火虫观赏等活动。路线可考虑延伸至紧邻的五源河国家湿地公园内，以丰富该科普教育路线的游览体验。

借助二维码、VR、直播等互联网技术，完善标识系统与解说系统，采取线下、线上相结合的宣传教育方式，开发手册、明信片、书签、胸针等相关的文创产品，提供必要的观察设备与场所，以满足公众多元化的需求。

四、结语

"山气日夕佳，飞鸟相与还"。从满目疮痍的采沙迹地，到生机盎然的飞鸟乐园，五源河蜂虎保护小区在5年的时间里历经蜕变。随着保护地营巢面积的持续扩大，生境的持续改善，蜂虎种群数量也在持续增加，表明了各项保护和修复措施的切实有效。海口市政府、红树林基金会、海口畓榃湿地研究所、志愿者等多方共建共管，充分发挥保护地的社会服务功能，成为海口建设国际湿地城市中的亮点。在2021年10月中国昆明举办的联合国《生物多样性公约》第十五次缔约方大会（COP15）上，"海口五源河下游蜂虎保护小区"案例从全球258个申报案例中脱颖而出，入选"生物多样性100+全球典型案例"。

项目组成员名单
项目负责人：蒋华平
项目参加人：王　威　张梦真　李　杏　刘灿龙
赵艳芳　何燕芳　黄梦蕾　郭　静
江鑫成　方　丽

基于碳中和理论的绿色智慧城市探究
——湖北武汉长江北湖零碳小镇总体规划设计

笛东规划设计（北京）股份有限公司／崔　卓　尹化民

提要： 项目基于空间、交通、产业、设施、能源、景观六大要素，构建零碳评价体系，探索零碳城市规划技术路径。

园林绿地系统

园林一词出现在汉代（公元1世纪），来自古代的游娱和畋猎苑囿，园聚如林；绿地源自古代的四旁植树和村宅园围，有着防风避晒、表道固地和生产实用功能；园林绿地系统是由若干园林、绿地和相关要素按一定的关系组成一个整体。当代的园林绿地系统一般占城市总用地的20%～38%。

一、概况与价值判断

（一）区域概况

长江北湖片区位于湖北省武汉市，地处中心城区、长江新城、东湖高新区三大功能板块的中心点，是城市空间和功能拓展的"新平台"。基地毗邻长江，地处东湖生态圈与武湖生态圈之间，总用地面积 37.76km²，其中生态类用地占比达 62.4%。片区被武钢和化工业区所包围，成为重化工业基地夹缝中的一条绿楔。

在落实国家长江大保护与中国城市生态文明建设的大背景下，武汉市作为"碳中和先锋城市"，本案率先开展构建零碳规划的实验探索。

（二）价值判断

综合基地的交通区位、土地利用、产业结构、环境生态和配套设施 5 个方面进行分析，判断基地现状的价值优势以及核心问题。

（1）交通区位方面：基地地处武汉市中心城北四环线上，位于武汉 1 小时交通圈内。现状区位条件优越，但其内部交通体系尚不完善，与中心城区连通性弱，制约基地发展。

（2）土地利用方面：基地现状地势平坦，土地综合整治基础良好，具有较大的建设潜力空间。但基地内包含城市空间、农业空间和生态空间，三类空间相互混杂。其中，安全防区、基本农田区和基本生态控制区成为项目规划开发的多重制约因素。

（3）产业结构方面：基地周边主要为工业、物流化工业和传统农业，内部以工业和传统农业为主。其中，农业优势突出，但产业发展粗放、结构关联度低。新兴产业有待挖掘，以突破现状产业结构的限制。

（4）环境生态方面：基地毗邻长江生态带和东湖生态圈，生态景观资源丰富，滨江临湖，水网纵横。由于重化工业区的重重包围，基地内空气、水体和土壤存在不同程度的污染问题。

（5）配套设施方面：配套设施集中分布于基地西侧，为零碳小镇发展提供良好基础。但基地内整体配套设施层级较低，生产与生活服务设施缺口较大。

二、基于"碳中和"理念的规划策略

（一）规划理念的革新

为了遏制温室效应的不良影响（图1），各国携手致力于碳中和工作。我国力争于 2030 年前达到碳达峰，2060 年前实现碳中和。双碳目标的确立，使人们对城市的发展方式有了新的要求，"零碳城市"的提出是城市响应绿色发展的模式之一。所谓"零碳城市"是指通过利用碳捕捉技术、植树造林或购买碳信用等形式来抵消城市中的碳排放，即实现"碳中和"。

在本案所构建的零碳小镇体系中，按照碳的排放与吸收，零碳小镇被划分为社会与环境两大空间载体。两者相互作用，形成碳循环系统（图2）。根据社会空间与环境空间各自具有的碳源与碳汇的性质特点，本案将在零碳小镇的规划策略中分别采取减源措施与增汇作用这两种碳中和实现途径（图3）。

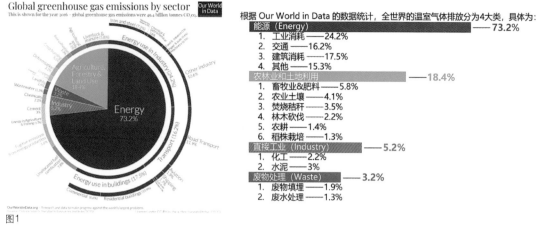

图1

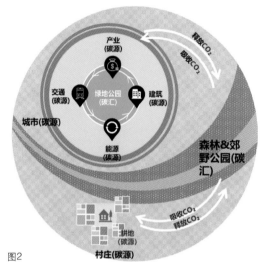

图2

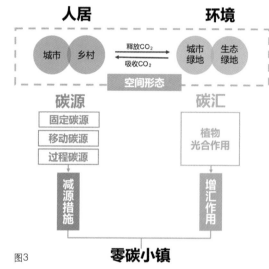

图3

（二）国内外研究概况

目前，低碳可持续的发展理念已经在众多国家得到了贯彻实施。20 世纪 60 年代，西方国家制定了较为完善的低碳建筑指标体系。20 世纪 90 年代初，以英国建筑研究院（BRE）制定的第一部建筑绿色评估标准 BREEAM 与美国绿色建筑委员会（USGBC）推出的 LEED 评估系统为代表，形成第一代绿色建筑认证标准。2007 年，由德国可持续建筑委员会与德国政府共同开发的世界第二代绿色建筑认证体系——可持续建筑评估体系（DGNB）问世。除此之外，国外机构也积极尝试了零碳社区的建设。提出"一个地球生活"计划的英国贝丁顿社区，以一种零耗能开发系统，综合运用多种环境策略，成为首个"零能耗"社区。

与国外相比，我国零碳城市建设尚在起步发展阶段。2010 年 7 月，作为第一批国家零碳试点省，广东省在绿色建筑、绿色交通、新能源开发和利用、碳捕集利用封存技术等新兴领域作出了积极探索。同时，作为同批试点城市的深圳建立起全球第一个 GEP 核算系统，并成为全国碳排放交易最活跃的城市。2012 年 11 月，北京成为第二批国家零碳试点城市，并制定了碳中和行动纲领。

（三）零碳策略单元数据库

以"碳中和"理念为引领，本案构建了零碳小镇策略单元数据库。横轴包括空间、交通、产业、设施、能源、景观作为创建零碳城市的六大基础要素，纵轴为智慧向生态的参数变化（图4）。零碳策略单元数据库的研发可根据城市片区特点及人口规模调整，为北湖片区的绿色发展规划提出更自由、更灵活、更丰富的适应性和可变性。数据库中的每一项策略参数的确定以六大零碳空间发展策略作为核心导向。

1. 策略一：零碳空间布局

针对城市空间水平和垂直两个方向提出混合功能的布局需求，呈现复合的立体空间。其中，城市空间以低强度开发为原则，平均开发强度控制在2.0 左右，建筑高度控制在 45m 以内，制高点适当突破到 60m。针对乡村空间，规划提出了零碳村庄的布局模式（图5）：引导村庄集约建设；外围布置生态湿地与碳汇林，控制村庄增长边界；内

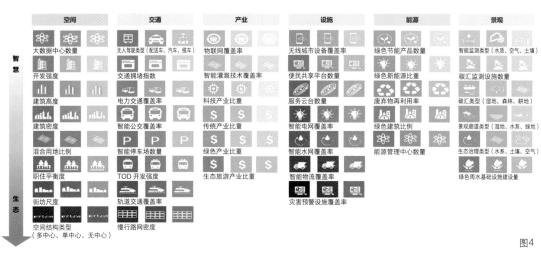

图 4 零碳策略单元数据库示意图
图 5 零碳村新模式构建示意图
图 6 生态绿环结构图

图4

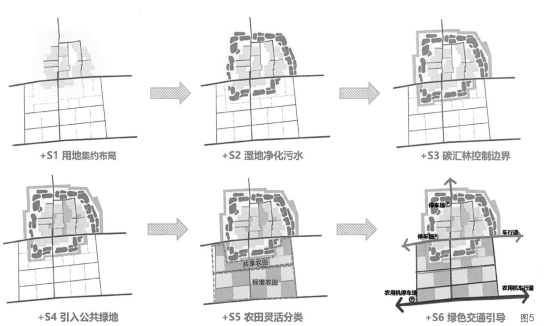

+S1 用地集约布局　　+S2 湿地净化污水　　+S3 碳汇林控制边界

+S4 引入公共绿地　　+S5 农田灵活分类　　+S6 绿色交通引导　图5

部引入公共绿地，改善村庄环境；共享农田与高标准农田灵活布局；以绿色交通引导零碳田园生活。

2. 策略二：负碳生态系统

在北湖片区中提取出一个串联起生态空间、城市空间与乡村空间的碳汇环，围绕其规划6个碳汇公园，形成"一环＋多园"的北湖负碳生态系统。将韧性绿网与慢行系统相融合，形成"负碳生态慢行环"，串联"负碳滨江慢行环""低碳城区慢行环""零碳田园慢行环"和"负碳湿地慢行环"（图6）。

3. 策略三：零碳交通体系

城市空间街道提倡"小街区密路网"。居住区道路间距保持在150~200m，商业区道路间距保持在80~120m。同时，整个片区以特色交通空间布局倡导城市对新能源交通设施的应用。规划在各街区组团之间共划定9个零碳交通单元，内部仅由清洁能源车辆驶入。每个交通单元节点设置换乘点，以实现汽车与清洁能源车辆的转换（图7）。

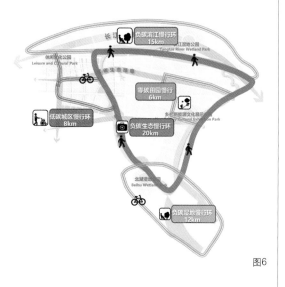

图6

4. 策略四："零碳＋"绿色产业云

围绕城市空间、生态空间、乡村空间，分别构建起"零碳＋服务业""零碳＋田园产业"与"零碳＋负碳旅游业"3个绿色产业云（图8）。积极

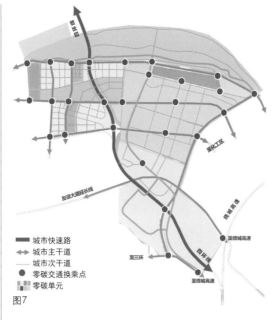

图7

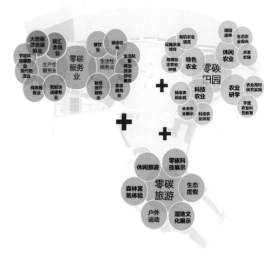

图8

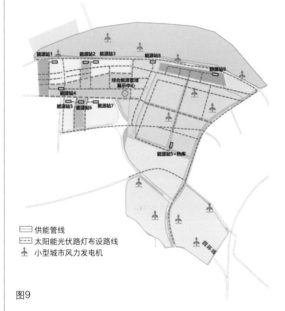

图9

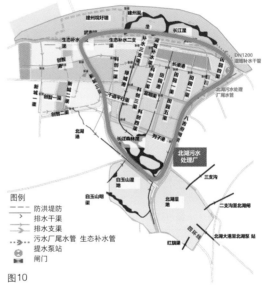

图10

采用清洁生产技术，无害或低害新技术，大力降低原材料和能源消耗，形成少投入、高产出、低污染的绿色产业体系。

5. 策略五：零碳能源

以零碳单元为基础，布局清洁能源供给设施（图9）。该系统包含可再生能源和清洁能源集中供冷供热、太阳能光伏发电、小型城市风力发电机、综合储能系统、智能供配电与展示中心及综合能源管理平台建设。

6. 策略六：零碳设施

在市政设施中，建立以碳汇环为主体的生态净水系统（图10）。对沿江岸坡进行生态整治，构建区内网状排水渠，增强港渠排水能力。在服务设施中，建立城乡共享服务中心、湿地文化体验中心、零碳田园文化体验中心、零碳交易中心、负碳旅游服务中心，将城市与乡村的服务设施融合于一体，实现集约共享。

三、校核评价体系

（一）构建零碳评价体系

零碳视角下研究建立的城市建设指标评价体系（表1）不仅可以帮助设计师在规划设计过程中更快更准地寻找到方案优化提升的方向，更为人类发展生存的物质空间和文化生活的建设提供了一个全面、科学、可量化的评判标准。基于指标体系的功能作用，其主要具有三方面的重要意义：

（1）评价。多维度分析零碳城市的建成情况，通过指数化方法进行赋值、打分及排序，科学合理地评判零碳城市建设的水平。

表 1

零碳建设评价体系

KPI	L-零碳空间布局 编码	措施	评价指标	I-零碳产业 编码	措施	评价指标	T-零碳交通 编码	措施	评价指标	C-零碳社区 编码	措施	评价指标	A-零碳建筑 编码	措施	评价指标	E-负碳生态环境 编码	措施	评价指标
D-减碳	LD-1	TOD 公共交通引导	提高轨道沿线土地利用强度	ID-1	产业结构低碳化	第三产业比重 (%)	TD-1	慢行友好（步行、自行车）	人行道/绿道建设密度 (km/km²) + 十字路口数量 (15 个/km²)	CD-1	倡导步行友好社区	社区半径不超过 1000m	AD-1	自然遮蔽与自然采光	新建建筑工程采用 BIM 技术设计，应用绿色低碳技术，不低于国家绿色建筑一星级标准。其中建筑面积 2 万 m² 及以上大型公共建筑不低于国家绿色建筑二星级标准。工业建筑符合绿色工业建筑标准和工业建筑节能条件的建筑应按设置	ED-1	退耕还林/退耕还草	退耕还林/退耕还草率的比率
	LD-2	低层、高密度	建筑限高 40m，建设强度平均在 2 左右	ID-2	传统产业低碳化升级	高新技术产业增加值占全市规模以上 (%)	TD-2	公共汽车交通优先	公共交通专用道路占城市道路比例 (%)	CD-2	公共服务设施布局（社区内）配备完善的生活服务功能	个层级公共服务设施的覆盖率 (%)	AD-2	重质型被动式太阳能照阻		ED-2	生态修复退化的土地	退化土地恢复率 (%)
	LD-3	用地尺度：小街区密路网	80~200m	ID-3	优先发展现代服务业	服务业占生产总值的比重 (%)	TD-3	提高慢行线路与公共交通接驳	接驳点服务半径不超过 1000m	CD-3	建造节能建筑	节能建筑占社区建筑比例 (%)	AD-3	屋顶光伏阵列		ED-3	选择低碳排放的农作物	农作物单位产值排碳量 (吨/亩)
	LD-4	土地利用高度混合	居民平均（单项）通勤时间 (min)/混合用地的比率 (%)	ID-4	利用可再生能源	可再生能源消费占总能源消费比重 (%)	TD-4	清洁能源车辆	清洁能源车辆比重 100%	CD-4	垃圾无害化处理	生活垃圾无害化处理率 (%)	AD-4	太阳能集热、太阳能制冷			水资源	
	LD-5	工业用地、物流					TD-5	增加新能源补给站（充电）	新能源充电（加气）站服务半径 (km)				AD-5	地板送风			废弃物管理	
													AD-6	智能能源管理系统				
I-增汇	LR-1	增加绿地面积	绿化率 (%)	IR-1	应用碳捕捉、存储与利用技术 (CCUS)	对产业碳源降低的百分比 (%)	TR-1	高碳汇道路断面设计	提高道路红线内绿化带的宽度 (m)	CR-1	提高社区绿化面积	绿地率 (%)	AR-1	立体绿化（屋顶花园、墙体绿植）	应按设置屋顶分布式光伏发电系统、光伏板面积不低于屋顶面积的 50%，设有玻璃幕墙的，鼓励设为光伏幕墙	ER-1-2	加强绿地公园建设	建成区绿化覆盖率 (%) / 人均绿地面积 (m²/人)
	LR-2	通过绿环控制用地规模	城市功能组团半径不超过 (km)	IR-2	生态园区建设	园区绿化绿 (%)	TR-2	高碳汇绿化带景观设计	高碳汇树种比例 (%)	CR-2	高碳汇绿化带景观设计	高碳汇树种种植比例 (%)	AR-2	底层架空用于绿化		ER-3	海绵城市建设	建成区综合径流系数 75%
																ER-4	提高森林覆盖率	森林覆盖率 (%)

（2）引导。为零碳城市的物质空间环境和城市软环境的塑造提供具体化实践指引，通过建立指标体系对零碳城市建设进行"查漏补缺"，城市政府通过具体政策和措施对量化项目的低分项提供政策上的倾斜，明确实施重点。

（3）预测。零碳城市评价指标体系的构建可以帮助政府或企业了解城市的建成水平及城市发展需求，对城市发展方向进行针对性的评估预测。

（二）校核计算模型

为了检测北湖片区作为零碳小镇的目标效益是否达成，本案将对规划区总体碳排放量进行量化计算。首先，土地利用的碳排放总量 E 计算公式为：

$$E = E_k + E_t$$

式中，E_k 为直接碳排放量，即为耕地、园地、林地、草地、水域及水利设施用地和未利用地的碳排放量，采用直接碳排放系数法，计算公式为：

$$E_k = \sum e_i = \sum T_i \cdot \delta_i$$

式中，e_i 为不同土地利用类型产生的碳排放量；T_i 为各土地利用类型面积；δ_i 为各土地利用类型的碳排（吸收）系数（表2），排放为正，吸收为负。

E_t 为间接碳排放量，即为建设用地上产生的碳排放量，采用间接估算方法，即用生产生活中能源消耗产生的 CO_2 量来表征，选取的能源有煤炭、焦炭、原油、汽油、煤油、柴油、燃料油、天然气和电力，计算时将上述各种能源消耗量换算成标准煤量。计算公式为：

$$E_t = \sum E_{ti} = \sum E_{ni} \cdot \theta_i \cdot f_i$$

式中，E_{ti} 为各种能源的碳排放量；E_{ni} 为各种能源的消耗量；θ_i 为各种能源转换为标准煤的系数；f_i

各类非建设用地直接碳排放系数　　表2

类别	碳排放系数 [t(C)/(km²·年)]	类别
耕地	49.7	养殖
		农作物
林地	−58.1	落叶阔叶林
		常绿阔叶林
草地	−2.1	草地
水域	−25.2	河湖
		湿地
		水库
未利用地	−5	未利用地

为各种能源的碳排放系数。

通过计算，北湖片区的直接碳排放总量为 −1136t（C）/年，间接碳排放总量为 1186 t（C）/年，基本实现了零碳小镇的目标效益。

四、结语

长江北湖零碳小镇规划设计研究提出了双碳目标导向下的零碳场景规划和评价方法，包括"零碳策略数据库"及"零碳建设评价体系"，期望通过以上研究为我国城镇绿色高质量发展探索规划设计新路径。

项目组成员名单
项目负责人：袁松亭　尹化民　崔　卓
项目参加人：万会兰　黄　雪　董　晶　郭文韬
　　　　　　林玲玲　姚欣阳

新时代的乡村风景
——以湖北桃源村振兴实践为例

北京中国风景园林规划设计研究中心、北京纳墨园林景观规划设计有限公司／
张　华　郭　鹏

提要： 项目以绿色基础设施为先导，从修复生态环境，传承、转化人文资源，创新旅游产品，完善公共服务等方面探索城乡互补、主客共享、宜居宜业宜游的新时代乡村风景的实施路径。

一、规划设计背景

（一）项目区位

桃源村位于湖北省随州市广水市武胜关镇，距广水市中心 19km，距武汉市 150km，距河南省信阳市 63km，居于中部崛起战略两大城市群——武汉城市圈和中原城市群的辐射叠合区，接受不同方向城市群的辐射与带动。外部交通可便捷接入"高铁—高速—省道—公路"构成的交通网络体系中。

旅游视角下，桃源村处于广水市环城游憩带范围内，20km 半径内分布有黑龙潭、中华山等景区；50km 半径内，可融入广水市、大悟县、三潭风景区形成的黄金三角，并可联合融入鸡公山风景区的跨省发展格局。

（二）发展概况

项目总面积约 5km²，村庄户籍人口 1600 人。2012 年以前，由于村落凋敝、破败，1000 余青壮年外出打工，常住人口以妇女、老人和儿童为主。第一产业是本村的主导产业，村庄农业种植以小麦、水稻为主，辅以少量的茶叶、桃子、柿子等经济作物，畜牧业以家庭养殖业为主。

桃源村处于一条狭长的山谷中，有 9 个自然湾。主要的公共服务设施有村部、卫生室，村域内山坡上的松林曾受到破坏性砍伐，部分农田由于无人耕种而荒芜，水塘、溪流受到垃圾和污水的侵扰，小溪承载了全村人洗衣、做饭、饮牛等用水需求。

桃源村是中国典型的空心村，在湖北省，其区位、地貌、资源禀赋和现状的劣势都极具代表性。

因其显著的代表性，2013 年，桃源村被选定为湖北省"绿色幸福村"启动项目和农业部"中国美丽乡村"创建试点。2014 年，桃源村入列住房和城乡建设部"中国传统村落"。上述创建工作，使村落面貌得以逐步改观，随着外部资本、回乡客、游客等自发的介入，桃源村一度出现生态环保、风貌控制、功能布局、业态经营等多方面的无序发展势头。

本规划旨在以桃源村存在问题为导向，以"兴三农"为核心目标，以旅游为抓手，有序引领产业、生态、生活、文化及乡村治理，遏制"空心化"与无序发展，引导村落可持续发展。

（三）基本思路

本规划以"三农"为核心，确定了绿色基础设施先导、保护和活化并举、旅游带动三产融合、全面复兴的总体发展目标。通过修复、治理生态环境，传承、转化人文资源，补充旅游要素，创新旅游产品，完善公共服务，形成风貌质朴、主客共享、宜居宜业宜游的"三生"空间，引导景区建设，构建新时代的乡村风景（图 1）。

二、规划设计破题路径

新时代的乡村风景及其可持续性，根本要务是通过对自然生态和历史文化的保护与活化，让农民安居乐业、诗意栖居。规划统筹、引领多专业、多学科的专项规划与建设，面对桃源村的现状问题，提出了针对性的解决方案。

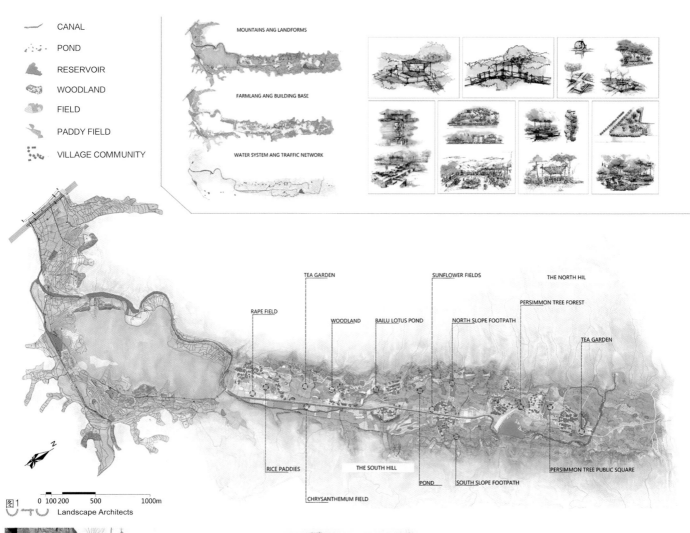

CANAL
POND
RESERVOIR
WOODLAND
FIELD
PADDY FIELD
VILLAGE COMMUNITY

MOUNTAINS ANG LANDFORMS

FARMLANG ANG BUILDING BASE

WATER SYSTEM ANG TRAFFIC NETWORK

RAPE FIELD
TEA GARDEN
SUNFLOWER FIELDS
THE NORTH HIL
PERSIMMON TREE FOREST
WOODLAND
BAILU LOTUS POND
NORTH SLOPE FOOTPATH
TEA GARDEN

RICE PADDIES
THE SOUTH HILL
PERSIMMON TREE PUBLIC SQUARE
CHRYSANTHEMUM FIELD
POND
SOUTH SLOPE FOOTPATH

图1
0 100 200   500   1000m
Landscape Architects

图2

图3

图 1 总平面图
图 2 改造前的"空心化"衰败
图 3 资源调查与评价图

（一）多专业、多学科的综合规划

"三农"语境下的乡村复兴，规划设计不同于常规的法定规划或旅游专项规划，其涉及建筑学背景的城乡规划、风景园林等专业内容，还涉及地理学科、管理学科等专业内容，如资源与市场、产品与运营、社区治理与产业融合等。总体上依托道路、水系、农田、山体和居住聚落，形成"一轴、一核、两翼"的空间格局。

（二）遏制"空心化"衰败

面对桃源村的"空心化"衰败（图2），规划提出"最重要的不是刷墙建房，而是避免青壮年人口的外流，使村民能在村子里无忧地、有尊严地劳作和生活"。本规划依据资源调查与评价（图3），通过生态修复和文化传承，改善农业生产和农民生活环境，补充公共设施，完善生活服务，同时以良好的自然、人文景观和生活美学，形成旅游吸引，引起社会关注，促使外部优质资源的导入和新的就业机会出现，逐步吸引外出务工的青壮年回家工作，安居乐业。

（三）遏制无序发展

本规划倡导在共享、共建、共赢的思维下，统筹风貌控制与功能布局，构建差异化产品体系，限制

图 4　旅游功能分区图
图 5　主客功能分区

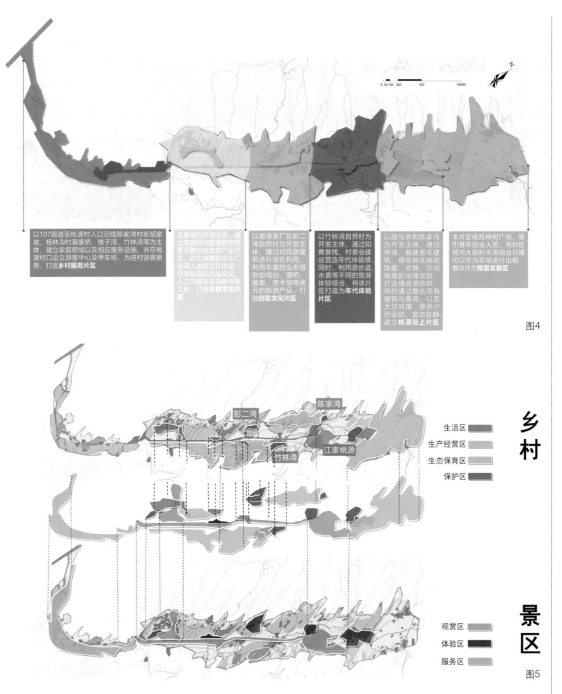

以107国道至桃源村入口沿线陈家湾村新胡家坡、杨林沟村易家桥、楼子湾、竹林湾等为主体，建立家庭旅馆以及相应服务设施，并在桃源村口设立游客中心及停车场，为进村游客服务，打造**乡村服务片区**

主家墙为开发主体，通过观有的旅游游憩风景观整治及旅游产品开发，对大城寨和水车广场深入发掘文化内涵，延续桃源的民俗文化，人文风貌及农田林作等文脉，打造**农林文化片区**

以南湾茶厂及彭二湾自然村为开发主体，通过对民居建筑进行活化利用，利用丰富的业态组合如戏台、酒吧、画廊、美术馆等多元的旅游产品，打造**创意文化片区**

以竹林湾自然村为开发主体，通过知青客栈、村委建设营造年代体验感同时，利用游步道、水景等不同的旅游体验组合，将该片区打造为**年代体验片区**

以陡马坎和陈家湾为开发主体，通过知青游憩、复建老宅建筑，借助其优越的隐匿、安静、空间制造的地理优势，打造精品酒店群同时通过整合现有建筑与景观，以及小坝风情，提供户外运动、互动宜静，建立**桃源坝上片区**

本片区依托柿树广场，吸引青年创业人员；同时片区城内大面积水田结合石屋可以作为农场进行出租，整体作为**预留发展区**

图4

彭二湾　陈家湾

竹林湾　江家桃源

乡村	
生活区	
生产经营区	
生态保育区	
保护区	

景区	
观赏区	
体验区	
服务区	

图5

影响生态环境的业态，以独特的桃源IP和联合营销形成竞争合力，并以此吸引优质外部资源（图4）。

（四）农民与游客的利益平衡

"三农"的核心是农民受益，旅游的核心是游客满意。规划从空间上，针对村民划分出生活区、生产经营区、生态保育区、风貌保护区，针对游客划分出观赏区、体验区、服务区。村域周边预留发展缓冲区，探讨与周边村落的联合发展前景（图5）。新建和改建的公共服务设施，如戏台、村民中心及客栈、设计师工作室和主题营地、咖啡馆等，关注了服务功能与文化、社交的混杂性，以主客共享的形式兼顾资源效率与利益平衡（图6）。

（五）风景园林先行与绿色基础设施先导

空间上，遵循生命土地完整性及地域景观真实性原则，依托山体、水系、林地、农田，以自然环境和生态格局打底，将建筑、道路、地形等看作景观元素，融入大的环境构图之中。规划率先明确了农田、生态、建设等用地边界，充分尊重各类场地原有条件，其间的步道、池塘、丛林、古树、水井、院落等，尽量保留原状原貌（图7~图9）。

（六）传统村落保护与活化

规划对桃源村的自然生态、历史文化格局等加以修复和保护，为空间、场所赋予新的功能，为显性的风物、风貌、风俗和隐性的文化内涵创新体验方式与传播手段，即将自然与人文资源转化为独特旅游产品和附加值，为乡村导入新的资源和可能性，合力激发传统村落新的内生动能。设计从材料、色彩、植物种类、环保和生态等方面入手，谨慎地加入一些新的元素，力求景观环境既能直观地反映原生的生态和人文背景，又能贴近现代人的行为和思维方式。新建、改建的戏台、党建室、供销

图6

图9

图例：
果园
水田
旱田
林地
水域
山体

图7

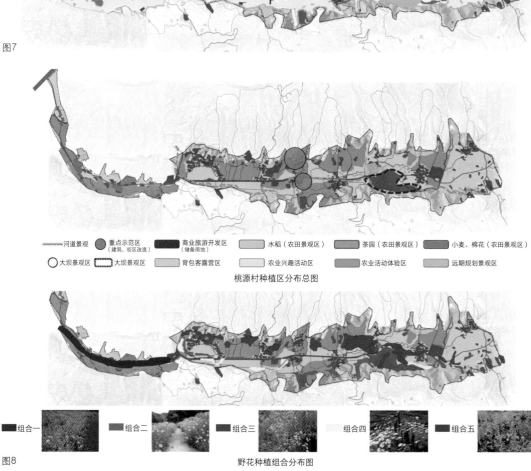

河道景观　重点示范区（建筑、街区改造）　商业旅游开发区（储备用地）　水稻（农田景观区）　茶园（农田景观区）　小麦、棉花（农田景观区）
大坝景观区　大坝景观区　背包客露营区　农业兴趣活动区　农业活动体验区　远期规划景观区

桃源村种植区分布总图

组合一　组合二　组合三　组合四　组合五

图8
野花种植组合分布图

图6　改造后主客共享的公共服务设施
图7　生态格局现状分析图
图8　绿地系统规划图
图9　改造后的乡村风貌与自然景观

社等，以农耕文化、饮食文化、节事活动等为主题，保护、再现乡村传统生产、生活方式及社会治理情境（图 10）。

三、规划设计技术策略

"三农"的核心是农民受益，乡村的生产、生活环境改善至关重要，其建设与更新须因地制宜地采用一些新科技与新技术。

（一）厕改 + 污水处理

规划提出将农户厕所及公共厕所统筹安排布局，改旱厕为水冲，外部连接三格化粪池，通过粪便逐级溢流，起到沉淀虫卵、厌氧发酵、降解有机物、杀灭虫卵等作用，实现无害化后，还可滋养微型人工湿地中的蔬菜和水生植物。

（二）垃圾分类

规划引导乡村的生活垃圾分类，辅助以"小学生督导员"的治理模式予以监督，成效显著。为减少化肥、农药容器残留造成的面源污染，规划提出对固废回收和处理的途径。

（三）光伏照明

桃源村地处山谷，道路纵深长，路灯配电压降损耗大，因此电缆、管沟、变配电设备等投资大、维护不便，规划道路、广场等采用光伏照明，既节约建造成本，又可节能降碳。

（四）水质的生态化改良

通过控制污水排放消除点源污染；控制生活垃圾与化肥、农药容器降低面源污染；疏浚河道、修复驳岸提升流速，采用波浪草坡、毛石护岸、人工湿地、水生植物以及鱼、蚌苗投放等组合措施，降低内源污染的发生几率。

（五）"低扰动、低影响、低技术、低维护、低成本"策略

本地石料及传统砌筑方式，废旧材料的使用，以及低成本野花地被的大面积覆盖，既符合风貌保护原则，又可直接降低建造和维护成本。

四、项目成效

（一）社会效益

（1）桃源的发展，不但让这里山青了、水秀

图 10　改造后的实景，传统与现代的适度融合

了、鸟多了、游客多了，让留守在家的老人、孩子有了更多接触外界的机会，让妇女看到了希望，更让外出务工的青壮年村民看到了返乡务农和经营餐馆、民宿的赚钱机会，使原住民安居乐业。

（2）各类基础设施的提升与旅游要素的补充，完善了桃源村的公共服务设施，形成了村民、游客共享的设施、景点。

（3）桃源村的示范效应，为自身发展吸引了更多的资源，也为武胜关镇和广水市赢得了更多的关注。

（4）自 2013 年设计团队服务开始，桃源村也获得了一系列荣誉。

2013 年，湖北省首个"绿色幸福村"建设现场会在桃源召开，这是广水市 26 年来承办的第一个省级会议。

2013 年，农业部"中国美丽乡村"。

2015 年，湖北省"荆楚最美乡村"。

2016 年，住房和城乡建设部"美丽宜居村庄"。

2016 年，人民网"全国十佳美丽乡村"，被《人民日报》报道。

2017 年，国家旅游局"中国乡村旅游创客示范基地"。

2019 年，国家林业和草原局"国家森林乡村"。

2021 年，文化和旅游部"全国乡村旅游重点村"。

（二）生态效益

（1）规划通过风景园林先行及绿色基础设施先导，先行修复被砍伐的山林，项目实施两年内引导植树造林 6000 多亩；先行治理污水、垃圾，建立 9 个垃圾分类中心、25 处人工湿地，以生态手段治理水质，修复生态驳岸 3km 并形成沿河景观带，引来白鹭等鸟类在此安家。

图 11 　改造后的桃源实景

图11

（2）借助自然水系、人工沟渠、水塘、稻田等，疏导和消纳雨洪。

（3）"低扰动、低影响、低技术、低维护、低成本"策略下，推广野花野草、本地石料、旧砖旧瓦的使用。本地传统的搭建与砌筑方式，不但为村落保留了乡土性，也构成了材料与能源的局域循环。

（三）经济效益

（1）规划以"低扰动、低影响、低技术、低维护、低成本"策略，直接降低工程造价和建设周期。

（2）项目实施第二年，桃源村接待游客人数达15万人次，春节期间，每天客流量在2000人左右，高峰期日游客量可达3000余人。

（3）规划引导以桃、柿、茶的种植加工形成桃源村的主导产业，其中桃树种植3万棵，柿树2万棵，茶树种植1000多亩，茶叶年产值达1000万元。此外，结合蜜蜂养殖，茶叶茶油产业以及原种稻米、油菜、向日葵、皇菊、莲藕的种植，形成特色产业。

（4）项目实施仅2年的时间，外出务工的1000余人中，已有600余人回村就业。

五、结语——探索乡建破题策略

在中国，因循地脉的空间格局、承载文脉的技术与艺术、村民自治的安居乐业，这些构成了中国亘古不变的乡村本色。

中国有60多万个行政村，它们大多和桃源村相似，地处偏远、资源平平、人口外流，其发展与更新必然要面对两个问题，一是自然生态和历史文化需要最小的消极干预，二是资金、技术、人才、资源等方面的薄弱、匮乏与高质量发展的矛盾。桃源村的实践经验，除了对自然生态的低扰动、低影响，还包括了低技术、低维护、低成本策略的普适探索。

在"乡村振兴"语境下，新时代的乡村风景，应当是突破"美化""网红"等表象，以"三农"为核心，形成"三产"融合、"三生"共赢、安居乐业、诗意栖居的美好与和谐。

新时代的乡村高质量、可持续发展，根本要务是通过对自然生态和历史文化的保护与活化，让农民安居乐业、诗意栖居，而这恰是风景园林学科的使命所在。桃源村的生态修复和文化传承，更多地考虑到由农民和由农业本身衍生出的产业提升机会，并为乡村获取了更多的社会关注，促进城市向乡村的反哺，促进社会资源和效益的公平分配，让村民实际获益。以风景园林的名义，统筹、引领多专业、多学科的专项规划与建设，对于严守三区三线、激活三农三生，不失为一种积极的规划方法探索和务实的乡村振兴实践（图11）。

项目组成员名单

项目负责人：张　华

项目参加人：张　华　郭　鹏　殷柏慧　蔡丽敏
　　　　　　霍东林　赵英磊　王　颖　赵玥祎
　　　　　　沈　丹　赵佳卉

百年校园的新生

——存量时代清华大学校园景观规划的方法研究

北京清华同衡规划设计研究院有限公司 / 崔亚楠

提要：清华大学校园景观规划是中国校园规划进入存量时代的典型代表。规划以详实的现状调研分析为基础，深入剖析环境问题的本质根源。通过校园环境的保护与传承实现环境育人的功能，通过多专业协同构建具有活力的校园开放空间体系。

一、项目背景与现状调研

清华大学校园建立在具有300多年历史的皇家园林基底上，坐落于北京西北郊清朝"三山五园"的皇家园林之中（图1）。场地历史悠久，环境基底优越。随着不同时期的建设，在同一个校园中形成了中国古典园林景观、美式校园景观、苏式校园景观和现代校园景观4种风格的景观风貌。2001年清华大学被福布斯杂志评选为最美校园之一。

清华大学作为一座具有108年历史的著名高等学府，随着近现代中国高等教育的快速发展，校园面积的增加远远无法满足校园人口的迅速增长需求，同时校园还承担着复杂的后勤服务和对外交通量，使得校园空间拥挤不堪，校园绿地空间大幅降低（图2）。

在这一背景下，清华校园规划开始从增量建设转向存量更新和校园环境的提质增效上来，清华大学此次校园景观规划是10次校园总体规划以来的第一次对于校园景观的专项规划，它的出现也是作为百年历史的老校园在新的发展背景下的必然选择。

二、规划愿景与技术路线

作为清华大学的第一次景观规划，面临的现实问题错综复杂。因此，规划以百年校园的新生为主旨，其工作核心定位在于：以校园资源普查和评估为基础的景观体系规划和控制导则的编制，并且制定今后数年的项目实施计划。

总体规划策略由两大板块构成：①资源梳理与修复传承。通过现状资源的梳理，保护、挖掘、修复校园的历史人文景观和自然生态景观，以此作为载体，传承校园的文化和精神。②多专业统筹与开放空间体系建设。通过复杂问题的调研和分析，平衡校园各类人群的需求，保障教学的主导功能得以满足，通过疏解功能、释放空间、系统化构

图 1　校园发展现状调研
图 2　项目规划背景与历史分析

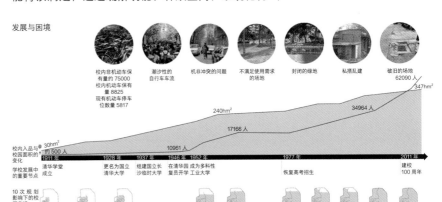

图1

图2

建三步策略，最终形成高效的、富有活力的校园开放空间。

三、主要规划策略——资源梳理与修复传承

（一）广泛公众参与下的详细现状研究

规划前期通过多种调研与分析方式对校园现状进行了基础资源普查式的调研工作。

其一，不同人群的广泛参与。规划前期共完成并分析了约500份有效师生调查问卷，邀请建筑学院师生和社团积极参与，例如与观鸟协会一同调研分析校园生态环境；与校园多个管理部门、专家座谈，规划过程共进行了约70多次、涵盖约800人次的师生、专家讨论会。

其二，采用分项调研、分区评价两种调研方法，进行全校园、多角度的环境评估。规划列出学校10项重要景观专项进行全校园系统评价。同时，参考英国景观特征评价指标环，根据校园特性编制了景观评价表格，对34个分区进行分区评价，得到了清晰的校园环境现状画像。

其三，编制校园景观资源库。资源库中第一次系统地对校园90件公共艺术、150种鸟类、237棵古树名木、1280种植物品种、32万株植物等进行统计，并对其进行空间落位，为后续规划提供了关键资源保护的清单。

（二）通过保护与挖掘历史景观实现清华精神的传承

规划首要建立在对历史的认识、尊重和传承的基础上。对于具有多重风格的清华校园而言，规划尊重并保留不同阶段校园建设风貌，制定了校园总体景观风貌的分区建设控制指引（图3）。对于每个分区从保护和协调两个层面进行细分控制，根据景观核心区的特色，制定了含色彩、材料、空间形态等要素的风貌控制导则。

规划第一次划定了校园历史景观的保护红线，其中包括历史景观保护区和历史景观修复区、美式校园和苏式校园的历史景观保护轴线。同时，根据网络大数据统计和公众调查分析，划定了校园景观名片区域，以此作为清华精神传承的核心载体（图4）。

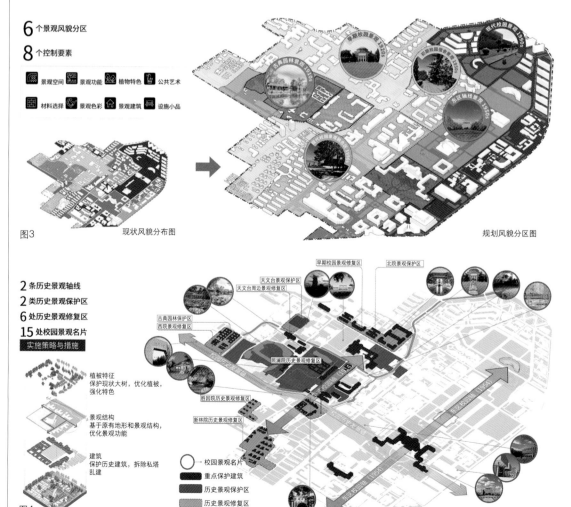

图3　校园景观风貌分区规划图
图4　历史景观保护与修复规划图

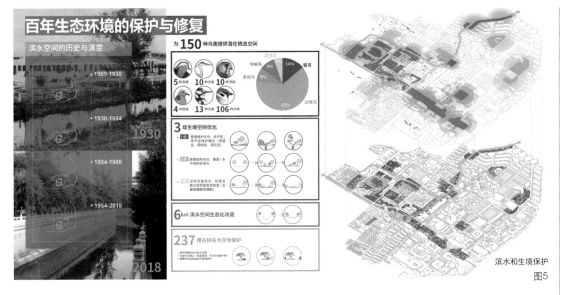

图5 校园生态环境的保护与修复规划

滨水和生境保护
图5

（三）基于传统园林体系的生态保护与修复规划

清华校园作为"三山五园"体系中的园林，其生态效益受到大时空的综合影响，因此，虽然校园人群密集，但却具有北京市域范围内除北京植物园外最丰富的植物种类。规划结合了校园环境变迁历史分析和相关社团多年来的数据积累，对绿地和水系空间进行了从空间保护、修复措施到后期维护管理的全流程蓝绿空间生态修复规划，旨在保护百年来形成的生态基底，恢复校园水系的自然面貌。主要内容有以下两方面：

（1）对于校园小型绿地板块的识别与保护。与学校观鸟协会合作，划定校园中重要的生态斑块，并根据其生态价值重要性分为3级，提出相应的保护和修复措施。

（2）基于水系历史演变研究和现代水工技术相结合的水系生态修复。在满足行洪需求、校园空间和水质条件的前提下，结合双层河道的设计理念，提出校河集雨洪管理、生态涵养、自然景观再现的综合改造措施，实现绿地和水系的生态修复以及历史景观的重塑（图5）。

四、主要规划策略——多专业统筹与开放空间体系建设

规划在处理保护与传承的基础上，进一步提升校园活力，创建便捷、安全的校园环境。重点工作是梳理校园空间发展脉络，重新构建一套现实可行的开放空间体系。规划从多专业协同出发，通过学校功能的疏解与空间的腾退，为学校室外空间的重塑打下良好的基础。

（一）多专业协同，建立系统、高效的空间体系

与校方共商，结合校园事业发展规划、用地规划、交通规划等专项内容，优化校园功能。重点通过建筑和交通规划的重新梳理以及功能外溢与整合，腾退出校园室外空间。规划进行了详细的现状及规划后室外空间的数据统计，对腾退空间功能进行合理转化，给大量封闭绿地赋予新的功能（图6）。最后，校园可利用绿地占比增加了1倍以上，实现了全校园室外空间的高效、合理使用利用。

（二）整合空间，优化布局，营造富有活力的室外开放空间

整合不同时期建筑周边的附属空间。通过建筑、场地图底关系的重新归零，高效统筹室外空间，形成集中绿地、开放场地和布局合理的自行车停车区等。结合慢行系统、校园马拉松路线，构建校园慢行串联的室外开放空间体系。根据人群活动热点区域和学校功能分区、社团需求等分析结果，形成学习花园、运动花园、社团种植园等场所，将师生的活动更多地与绿色空间相融合（图7）。

最终，规划形成了有9个专项规划和一个景观风貌控制导则构成的景观规划体系，并和校方共同制定了未来3年的实施策略，形成以年为单位的实施项目库和指标体系（图8）。

五、结语

清华大学校园景观规划项目，是目前中国大学建设从空间扩张到品质提升转变的代表。作为一个百年校园的第一次景观规划，首先建立在扎实的现

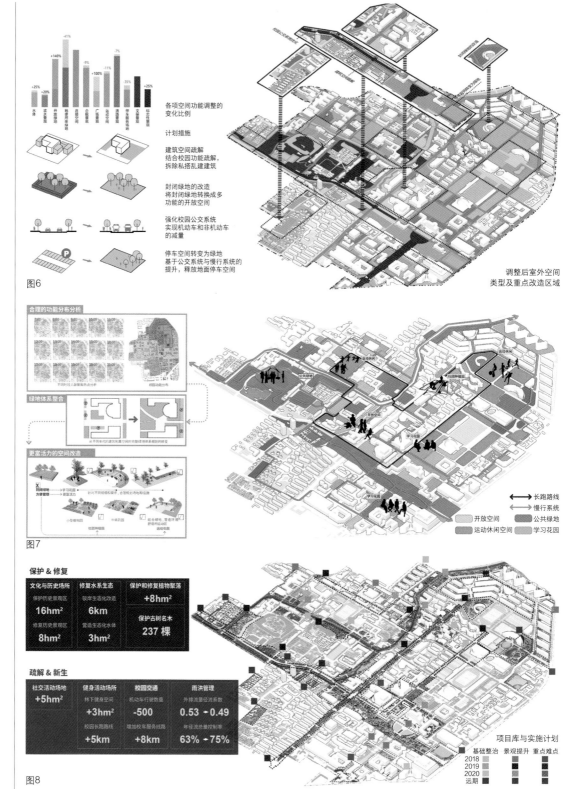

图6 校园室外空间功能的疏解
　　和优化规划
图7 富有活力的校园公共开放
　　空间网络构建
图8 规划实施计划与绩效评价
　　体系

状研究和广泛的师生参与基础上，并突破景观规划的范畴，与校方和多专业规划团队合作，探讨解决校园环境的深层问题，用系统整合、功能减负的方法为老校园探索空间发展契机。规划第一次建立了校园环境的资源清单、第一次制定了校园历史和生态景观的保护规划、搭建了一套完整的景观系统和结构框架，使学校历史和精神得以更清晰地呈现，使校园空间利用更高效、校园更具活力。

项目组成员名单
合作单位：清华大学建筑学院
项目负责人：胡　洁　郑晓笛　崔亚楠
项目参加人：张　艳　周　旭　梁　晨　孙国瑜
　　　　　　张琳琳　王玉鑫　李正祥　孟献德
　　　　　　范　汉　龚　宇

环城公园带助推城市空间格局优化

——以天津植物园链专项规划为例

天津市园林规划设计研究总院有限公司／陈　良　李晓晓　金文海

提要： 规划聚焦天津市"一环十一园"地区建设植物园链，形成"园、水、林、路、境"相融共生的自然公园网络，助推生态地区提质发展，优化城市新空间发展格局。

引言

在新一轮国土空间规划中，天津的城市格局从"一个扁担挑两头"，到津城、滨城组成的双城格局（图1）。在津城中，中心城区边缘"一环十一园"地区以外环线500m绿带为主轴，对内串联11个公园，对外串联六个郊野公园，形成津城核心与外围结构的衔接区域（图2）。城市基础配套设施已开始向"十一园"聚集。"一环十一园"将是津城城市格局中结构性要素，需要赋予更高意义，才能带动津城的发展。植物园链，作为高价值绿地类型，可带动周边可整理用地的开发，服务城市需求。本文通过对"一环十一园"地区的现状、发展脉络及新格局之下发展愿景的展望，提出"津城植物园链"的设计概念，构建自然公园网络，重塑城市新格局，实现自身生态价值的转换和发展迭代。对我国其他城市的环城公园带建设及区域绿地系统规划具有一定借鉴和指导意义。

一、项目基本情况

（一）规划范围

规划范围：天津植物园链（"一环十一园"）专项规划范围52km²。其中11个公园总面积约18km²；外环线绿化带设计范围约34km²（图3）。

研究范围：本次规划用地辐射影响周边城市功

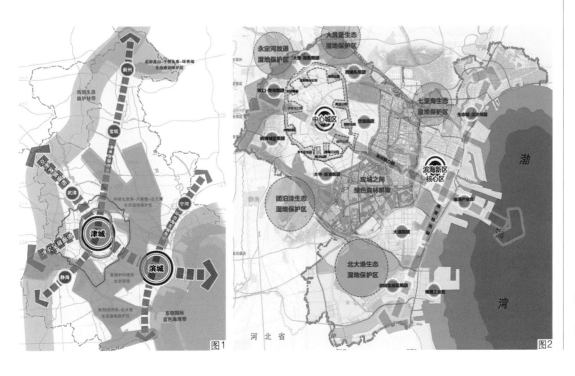

图1

图2

河北省

渤

海

湾

图 1　天津市"一市双城"格局
　　　示意图
图 2　津城核心区与外围结构的
　　　衔接区域

图 3　规划及研究范围

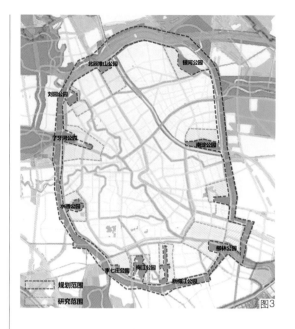

图3

规划范围
研究范围

林公园，局部作为城市苗木基地，具有一定的园林基础。其他 6 座公园现状大部分为农林用地。

（三）存在问题

"一环十一园"地区存在如下问题：

从结构上来看，外环绿带与环内 11 座城市公园、环外 6 座郊野公园以及其他河流生态空间之间缺乏系统的联系性和整体性，生态空间呈现碎片化、斑块化特征。

从功能上来看，有效建成区面积小，现状仅仅在天津外环线外侧 50～100m（规划要求 500m）进行防护林建设，林地、水系、植被等生态要素的系统性不强，景观生态功能单一。环城绿带多为绿带、林带，尚未形成环城的游憩带和景观带。

从效益上来看，"一环十一园"地区作为天津中心城区边缘区，城市发展相对滞后，尚有大量的低效利用土地。

能板块，面积约 70km²。

统筹范围：对应天津市国土空间发展战略的津城范围，面积约 1500km²。

（二）现状建设情况

1. 外环绿带建设情况

根据《天津市外环线外侧 500 米绿化带综合整治规划》，外环线外侧绿化带涉及环城 4 个区，15 个街、镇，70 个村庄和 445 个企事业单位，总面积 38.35km²。外环绿化带牵涉土地面积大、范围广，现状情况较为复杂。目前，外环绿带以防护林地为主，生态功能单一，部分区段仍有建设用地混杂其中。

2. 11 座公园的建设情况

中心城区公共绿地少，未形成结构完善的公园系统。目前，11 座公园中水西公园、梅江公园已经建成开放，新梅江公园正在建设。刘园苗圃和程

二、"一环十一园"地区的发展演变

自 1980 年外环线两侧防护林带呈现雏形，历经 3 版城市总体规划以及 2019 年编制完成的《天津市国土空间发展战略》，天津外环线绿带及周边地区的发展经历了以下 3 个阶段。

第一阶段，作为中心城区的增长边界。

1986 年 8 月，《天津市城市总体规》经国务院正式批准执行，确定：划定市区范围，沿着周边修筑 70 余公里长的环城路，路的外侧开辟 500m 宽的绿化带，以此作为市区面积的控制线和环境保护圈。种植林带，发展果树，挖掘鱼池，形成"林网溢彩，果园飘香，鱼跃池塘，鸭荷成景"的生态环境，并逐步发展成为现代化、专业化、商品化的农业生产基地以及"现代化城郊农业"的窗口。

第二阶段，以防护和改善城市环境为主的生态景观带。

《天津市城市总体规划（1996～2010）》提出天津外环线东北部调线外扩，环城绿带也将随之外调，新的环城绿带建成后全长约达到 80km，即在外环线以内打造以大片绿地、森林、水面为主，特色建筑作为点缀，绿草茵茵、波光涟漪的生态景观带。

《天津市城市总体规划（2005～2020）》提出，环城绿化带是指外环线以外 500~1000m，以内 58m 的绿化隔离带，以防护和改善城市环境为主，成为中心城区的绿色屏障，并将中心城区 11 片大型绿地串联起来。

外环 11 个公园的整体情况一览表　　　　表 1

序号	公园名称	用地面积（hm²）	建成情况	现状用地	属地
1	水西公园	140.0	已建	公园	西青区
2	梅江公园	156.0	已建	公园	西青区
3	新梅江公园	90.0	在建	公园	河西区
4	刘园苗圃	130.0	局部	苗圃	北辰区
5	程林公园	82.8	局部	苗圃	东丽区
6	柳林公园	122.5	待建	空地	津南区
7	李七庄公园	48.0	待建	空地	西青区
8	北辰堆山公园	64.4	待建	空地	北辰区
9	子牙河公园	282.6	待建	农林用地	北辰区
10	银河公园	541.0	待建	农林用地	北辰区
11	南淀公园	268.4	待建	农林用地	东丽区

荷花+水生园
田园湖歌生态公园

花海、花境、观赏草园
城市服务主题公园

常绿+彩叶园
城市自然山林公园

植物园之主园区

耐盐碱植物园
科技之城活力公园

月季园
设计之都艺术公园

观果+观干园
城市记忆水畔公园

海棠花灌木园
城市更新绿轴公园

地被、宿根花卉园
园林展示休闲公园

竹+疗愈+医药植物园
城市康养休闲公园

白蜡园
城市风貌水岸公园

图4

图 4　天津植物园链概念图
图 5　区域生态系统规划示意图

第三阶段，津城核心与外围组团之间的结构性生态空间。

依据 2020 年批复的《天津市国土空间发展战略》，提出"一环十一园"是避免城市"摊大饼式"发展，是津城核心与外围组团之间的结构性生态空间，是重塑津城空间结构和生态环境的战略性空间（图 2）。

三、规划要点

中心城区边缘区域具有保护城市生态环境、满足居民休闲游憩以及营造城市文化特色的多样化功能特征。天津植物园链结合现状资源、遵循系统思维，优化空间格局，提升生态价值，形成"点、线、面"联结的结构性网络，构筑"园、水、林、路、境"相融共生的自然公园网络，重塑城市新格局。

（一）目标与定位

"一环十一园"地区是津城蓝绿生态空间主骨架，是津城与区域生态系统联系的中枢。"一环十一园"地区，将遵循生态、自然、健康的理念，营造成为生态涵养、科研科普、健身康养、休闲旅游、人文体验五位一体的复合型绿地体系。

（二）植物园链总体布局

"一环十一园"既是植物园组群，又是城市公园组群。植物园链由 1 个主园区和 10 个分园组成，其中，刘园苗圃为植物园主园区，其余 10 个分园体现不同的植物主题。是一个园区通过外环绿道和蓝道有机串联，形成"植物园链"（图 4）。

刘园植物园将成为天津植物园目的地，用地规模 130hm²。以植物种质资源收集保护、植物科

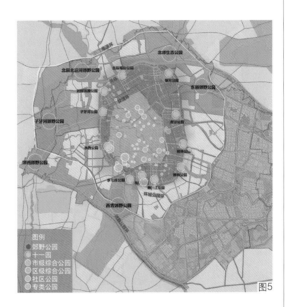

图例
郊野公园
十一园
市级综合公园
区级综合公园
社区公园
专类公园

图5

学系统分类展示和新优植物开发推广应用为主方向，建设多个功能区与专类园，开展园林园艺展示、文化旅游和科普教育、植物资源交流、科研成果共享，建成设施齐全、功能完备、现代一流的综合性植物核心专类园。立足城市发展格局和植物园链总体定位，各园区各具植物特色和功能特色，实现差异化发展。

（三）生态优化策略

1. 有效衔接区域生态系统，建设自然公园网络

植物园链是市域蓝绿空间格局的重要组成部分。通过绿道、河道绿廊系统，有效联系郊野公园、环形绿带、城市公园等生态空间，形成系统衔接、结构稳定、功能多样的生态网络结构。优化城市建设区域与生态保护区域的空间契合，构建"三环、六廊"的整体景观生态格局，优化津城人居环境，构筑津城"园水林田城"融合共生的大美城市形态（图 5）。

图 6　外环蓝道规划示意图
图 7　公园社区周边生态宜居圈
　　　层示意图

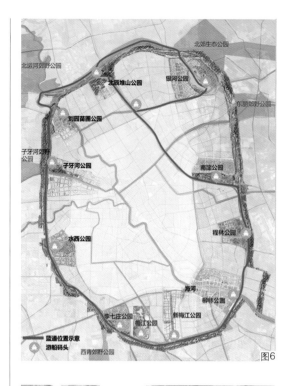

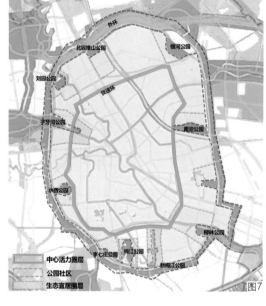

2. 连通城市生态空间，构建外环生态蓝道和绿道系统

通过外环绿道和蓝道系统将外环绿带与6大郊野公园、沿线11个不同主题的植物园（城市公园）有效串联，提升区域生态环境的多样性、连通性及完整性，构建城市绿色发展的生态基底。

考虑外环河水道的贯通和通航游船需求，统筹考虑水文化、水景观、水生态、水安全、水治理和水智慧等多方面的有机联系，推进外环水系、河道、湖塘的协同治理，改善水生态环境和水域生态功能，提升生态系统质量和稳定性（图6）。

外环绿带规划80km环城绿道，结合智慧城市和旅游发展，依托外环绿化带，植入骑行线、慢跑

线、漫步线、滨水道、探索道、无人智能网联车道，构建"六道并行"的复合绿道系统。

3. 高标准建设公园社区，塑造新型生态宜居城市形态

融入城市整体空间结构，以大型城市公园建设带动新型社区建设，促进城园融合发展。在保护原有生态景观格局、场地自然特征的基础上，加强植物园链与城市建设区域、外围生态基底的生态连通，将每个植物园建设成为独具特色的生态节点和城市绿色客厅，推动周边生态宜居圈层建设（图7）。加强公园社区与植物园的协同布局，统筹规划用地布局、开放空间、交通出行、空间形态等多要素，构建亲近自然的公园社区发展格局。一方面，与周边用地衔接，强调公园社区周边建筑与绿地空间的轴线和空间对位关系；第二，公园社区内引导道路行人友好设计，建议全铺装设计景观人行道。第三，城园一体，空间交互。鼓励紧邻公园的公共建筑面向公园形成退台，通过屋顶花园、空中走廊等形式，实现公园与城市的生态联动和立体互通。

4. 提升植物园链的碳汇能力，助力双碳目标实现

制定低碳设计指标体系（表2），在规划设计、施工组织及管理维护等各个阶段，最大限度地降低自然资源和能源的消耗，以求最大限度地发挥植物园链的生态功能和固碳释氧能力。首先，通过系统规划与设计，在城市中营造近自然林，构建高碳汇的绿色基底。通过植物园链建设，天津市的三绿指标得到明显提高。城区绿化覆盖率提高3.5%，绿地率提高4.31%，人均公园绿地面积增加$1.28m^2$。二是，充分挖掘现状林带的生产潜力，提高植物园链的生物量。在植物引种方面，以乡土植物为主，提高植物成活率。构建复层、异龄、混交的近自然林和原生冠苗、乡土植物、抗逆、长寿、食源、美观的天津地区植物顶级群落，形成稳定的森林生态系统。三是，加强基础设施建设，提高植物园链的经营效率和管理水平。加强样地建设观测，积累碳活动对植物园变化的影响数据，不断完善经营技术。

(四）响应新经济和新生活方式，增值城市空间

规划坚持"以人为中"，从存量中思考增量，响应新经济和新生活方式，对接市场，适度且适量增设新型设施，为市民提供更多、更优质的绿色服务。通过大师园、共享庭院、都市农园等园林主题

天津植物园链低碳设计指标体系表　　表2	
一级指标（X）	二级指标（Y）
规划设计（X1）	规划设计方案完整性（Y1）
	竣工图与规划设计图的一致性（Y2）
施工组织与管理（X2）	施工组织设计合理性（Y3）
	施工进度与施工进度计划的一致性（Y4）
	工程施工规范性（Y5）
	施工安全文明及环保情况（Y6）
现状（X3）	本地植物指数（Y7）
	植物多样性指数（Y8）
	乔灌木覆盖率（Y9）
	低碳材料使用率（Y10）
	当地和就近材料使用率（Y11）
	透水性铺装材料利用率（Y12）
	大树移植率（Y13）
	绿地率（Y14）
	立体绿化率（Y15）
	水体岸线自然化率（Y16）
	节水技术利用率（Y17）
	再生水利用率（Y18）
	可再生能源利用率（Y19）
管理与维护（X4）	植物成活率（Y20）
	植物生长状况（Y21）
	设施良好率（Y22）
	绿色废弃物利用率（Y23）
	生物防治推广率（Y24）
	管理制度建设（Y25）

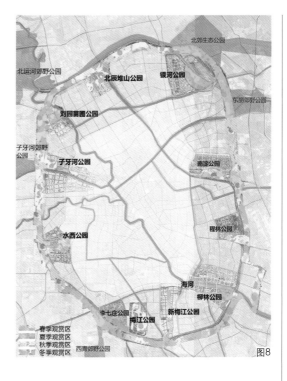

图8　四季植物观赏地图

空间，形成公园造访动机和特有的场地IP，展现天津文化、天津风格、天津气派。公园注重春夏秋冬四季景观且活动功能与季候变化结合，为市民休闲需求提供了全时域、四季变化的绿色生态服务体验（图8）。

四、结语

天津植物园链通过营建近自然生态空间，构建高碳汇的绿色基底，赋予了"一环十一园"地区更高的生态及综合价值。通过建立自然公园网络系统和公园社区，促进生态系统与城市空间系统的契合，提高城市空间环境的总体质量，成为津城标志性生态空间，实现津城城市空间结构生态化转型，带动津城空间格局优化。

项目组成员名单
项目负责人：陈　良
项目参加人：金文海　李晓晓　周华春　杨一力
　　　　　　王　威　陈一杰　邱诗尧　刘　美
　　　　　　任丽莹

城市生态景观重塑策略研究

——安徽合肥高新区"一山两湖"片区景观系统规划

上海市园林设计研究总院有限公司／韩晓杰

提要： 本项目以生态景观资源评估为基础，强调发展的"底图思维"，系统性提出"生态润城""公园连城""主题活城""风貌绘城"等景观系统规划策略，助力高新区绿色高质量发展。

一、项目概况

"一山两湖"片区位于江淮分水岭以东，江淮运河以西，众水汇聚，是包括了湿地、山地、水域、郊野公园、城市绿地等内容的重要生境源地，也是合肥高新区底蕴浓厚的生态核心区、活力创新的科教孵化器和科创产业的集聚区，总面积为56.8km²。

"一山"即大蜀山，是合肥城区内唯一自然山体，两湖分别为王咀湖、柏堰湖，是新城水体面积最大的湖泊（图1）。

二、现状生态景观资源评估

规划将"一山两湖"片区与苏州工业园区、上海张江高新技术开发区、武汉东湖高新技术开发区进行生态空间基底和景观格局指数的对比分析。分析发现："一山两湖"片区的生态本底较好，分布山、水、林、田、湖等要素，景观资源类型富集且相对集中；与苏州与上海高新工业园区相比较，该片区的绿地分布不均衡，现状空间格局破碎，生境的连通性差，缺乏良好的景观感受。

片区内原有沟塘、河渠均或被改道，或被填埋，未形成完善的水际绿色空间；公共绿地主要以现状公园、高压走廊下绿地、河流两侧绿地、道路两侧绿地为主，各类绿地可达性均不足，与城市功能结合不紧密，缺少自然景观特色与人文景观功能，且定位与主题不明确，总体生态服务功能缺失（图2、表1）。

三、规划目标与愿景

规划提出打造共享、贯通、弹性、智能、便捷的新区绿色图景，形成山湖交融、充满生机的生态智城和公园新城，重点提出了生态润城、公园连城、主题活城、风貌绘城四大策略。

图1

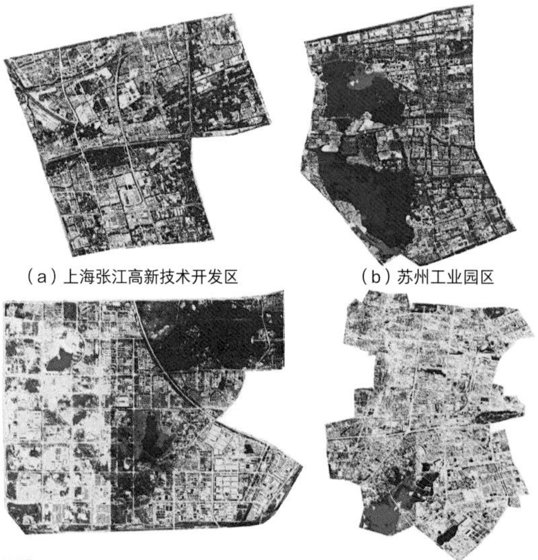

（a）上海张江高新技术开发区　　（b）苏州工业园区

图2　　（c）合肥高新区　　（d）武汉东湖高新技术开发区

图1　"一山两湖"分布示意图
图2　4个城市新区景观格局影像分析图

4 个城市新区景观格局指数分析表   表 1

指标	景观面积 (hm²)	拼块数量	拼块密度	最大拼块面积比	平均拼块面积指数	蔓延度指标 (%)	散布与并列指标 (%)	景观丰度	香农多样性
	TA	NP	PD	LPI	AREA_MN	CONTAG	IJI	PR	SHDI
合肥	7777.71	2784	35.7946	63.5368	2.7937	81.4297	39.4874	305	1.7292
苏州	12535.71	3646	29.0849	56.0013	3.4382	85.6956	30.4955	549	1.455
上海	8984.15	2077	23.1185	49.3435	4.3255	86.9466	13.2433	92	0.9164
武汉	7987.93	2433	30.4585	43.6242	3.2832	80.3876	39.5568	353	1.8307

四、规划策略

(一) 策略一：生态润城，城绿互融

规划以生态理念为指导，以城市发展为导向，采用了连河网、建水网、留坑塘、通视廊四大生态规划策略，构建骨架清晰、自然平衡的景观绿地空间格局。

1. 连河网

通过 ARCGIS 软件，模拟生成规划范围内的雨水径流路线，同时对接水利规划，建议恢复大坝河、南岗支渠河道脉络，前期依靠从蜀山干渠引水补给湖面，保证城区水的连通性；片区内开发条件成熟后，引入再生水循环系统，按流域划分再生水补水单元，其中王咀湖与柏堰湖片区因城市发展密度较高，为重点的补水区域 (图 3)。

2. 建水网

沿着城市的市政雨水管道与公共绿地，构建地表排水的三级廊道，形成海绵通廊，将自然途径与人工措施相结合，在确保城市排水防涝安全的前提下，最大限度地实现雨水在城市区域的积存、渗透和净化，促进雨水资源的利用与生态环境的保护，减少城市化带来的内涝风险。

3. 留坑塘

片区内现状地貌为岗冲相间，坑塘资源丰富，部分已被填埋，规划综合考虑现状条件、径流条件，提取关键性的坑塘加以保留与利用，并作为海绵城市的"末梢"，提供"渗滞蓄净用排"等功能。

4. 通视廊

片区内部分高层建筑已对山湖视线格局形成干扰与破坏，规划强化柏堰湖、王咀湖与大蜀山之间所形成的两条视廊与视域协调区，对已形成的空间阻隔，在视域协调区范围内，对周边建筑提出高低错落的城市天际线管控要求，打破呆板封闭的形象 (图 4)。

5. 生态景观格局

综合水系、视廊、农田、生物保护等生态景观格局，构建"三芯、一环、七脉、多廊、多园"的

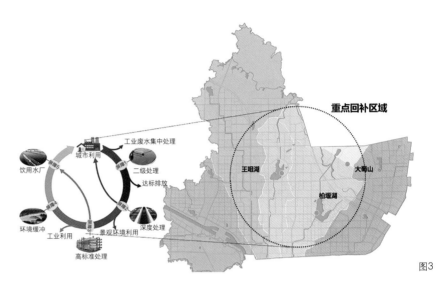

图3

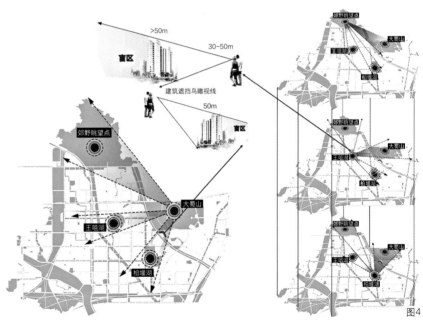

图4

绿色空间结构，形成田园绕城、回水呈树、绿廊润城、斑块激活的片区景观图景，作为城市未来韧性发展的绿色底线 (图 5)。

(二) 策略二：公园连城，人在绿中

规划提出公园建设按照"景区化、景观化、可进入、可参与"的原则，顺应城市、自然、人文等相互融合、有机更新的城市形态，形成相对完整

图 3 规划补水方式示意图
图 4 规划视线廊道布局图

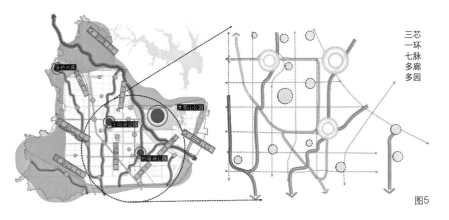

图5

图6

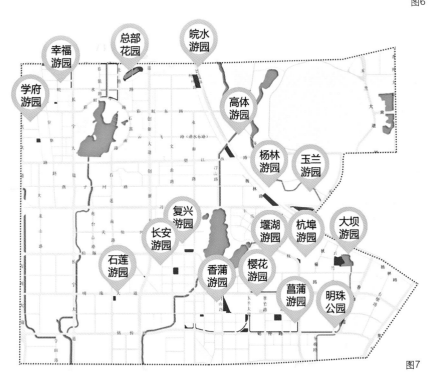

图5 生态景观规划结构图
图6 一级公园分布图
图7 二级公园分布图

的、等级明确的三级绿色公园空间系统，以满足居民对休闲、绿化、保护等多样化的绿地消费需求。

1.一级公园——"一山两湖"

一级公园包含王咀湖公园、柏堰湖公园、大蜀山公园三大公园，以"一山两湖"的自然风光为基底，突出综合游憩的特点，鼓励配置休闲游憩、游戏康体、科普教育、园务管理、商业服务、大型游乐、体育运动等公园服务设施（图6）。

2.二级公园——"社区微园"

服务于15分钟生活圈、10分钟生活圈内的社区居民，结合文化活动中心、社区服务中心、专项运动场地等设施进行配置，融文化展示、高新技术科普、体育休闲、植物观光等功能，为社区居民提供"300m见绿，500m见园"的便利绿色游憩设施（图7）。

3.三级公园——"智慧口袋"

服务于5分钟生活圈内的居民，对部分道路及开放性社区的附属绿地加以利用，以平均1hm²的小型公园、带状绿地为主，依照园区需求半开放管理，强调共享性与通过性功能，并依照现实条件设置生态补偿机制，服务对象主要为园区内部人员与参观游憩人员，注重呼应科技展示与科普、商务人员休闲运动等主题，融入智慧停车、智慧户外办公等模块。

（三）策略三：主题活城，形象独特

规划根据高新区智慧新城的文化特色，综合提炼各类绿色空间主题，为科学界定的绿色空间赋予活力，结合"一环、三芯、七脉、多廊、多园"的规划结构，形成高新区公共空间二十大智慧景观，以满足高品质、高标准的国际社区内，企业职工、学生、周边居民对生态景观所提出的复合要求（图8）。

（四）策略四：风貌绘城，有序指引

梳理"一山两湖"片区景观资源，重点针对成体系的河流蓝绿走廊、道路景观走廊、"一山两湖"3个城市公园提出主题与风貌导控要求。

1.河流蓝绿走廊景观控制指引

梳理现状水脉，结合高新区水系统规划，重点打造3类、7条河谷生态廊道，与双湖联系互动，规划强调生态性、亲水性，尊重水体的自然岸线，避免河道渠化与裁弯取直（图9）。

（1）自然生态型河道

位于远离城市密集活动区的区域内，在河道两岸设置足够的缓冲林带，降低人类活动对河道影响，营造近自然的河道景观，功能定位为生态绿网、栖息补偿、水源涵养、入河雨水净化；生态要素为层次丰富的植物群落、小型动物群落。驳岸类型为以缓坡入水式驳岸和卵石驳岸为主。

（2）城市生态型河道

河道两岸绿地空间不足，无法满足全段留足自然防汛坡道的区域，规划针对部分硬质驳岸，采用藤本植物进行垂直绿化，结合景观桥、水生植物、慢行系统，塑造丰富多变的河道景观，驳岸类型为以缓坡入水式和绿墙类驳岸为主。

（3）水街生态型河道

位于开放性的商业街区、居住社区、工作园区等空间，部分区域构建亲水步道与开放性的台地活动空间，同时于人流密集区域设置景观型步行桥，增加水岸可达性，营造丰富有活力的四季景观，功能定位为休闲开放空间、社区氧吧。驳岸类型为以生态性的块石护岸、木桩护岸为主。

2. 道路景观走廊景观控制指引

针对道路红线范围内的带状绿地，全面提升新建、改建、扩建及绿化维护改造的城市道路绿化景观效果，使之成为展示城市形象风貌、提供舒适出行环境的关键景观空间。

依据道路周边用地条件，将片区内的道路景观分为 5 类主题，包括科创花廊、中央绿廊、湖滨视廊、都市绿廊与门户景廊。针对其雨水下渗边沟设施、慢行步道、休憩停留设施、行道树树池、特色景观带等要素提出景观控制指引。

（1）科创花廊型

道路周边用地以从事高科技企业性质的生产用地为主，同时还包含了少量商业用地、教育用地、城市绿地等。景观设计宜采用宿根花卉铺底，同时在与重点园区交接的界面，植入表达园区特色文化的主题小景，体现高新区的科创特色（图 10）。

（2）中央绿廊型

位于城市中心，道路周边存在较大规模的城市绿地，具有打造成为中央生态公园的潜能的区域宜设置中央绿廊型道路景观。规划采用微地形与组团类的植物种植，形成道路中央的森林景观（图 11）。

（3）都市绿廊型

临近生活、商业区域，建筑前侧灰空间充足，规划鼓励设置沿街商业外摆区，利用休闲座椅、遮荫设施、花池树箱等打造市民休闲的活力区域（图 12）。

（4）门户景廊型

位于城市快速路，以机动车跨区域通行为主，

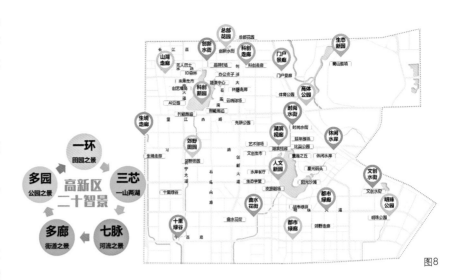

图8

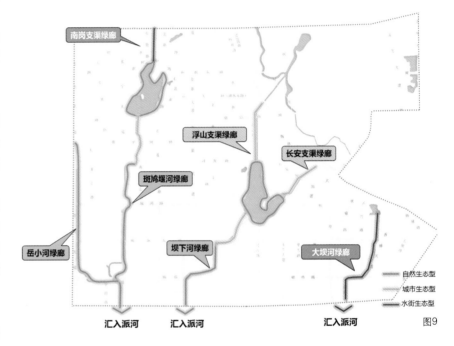

图9

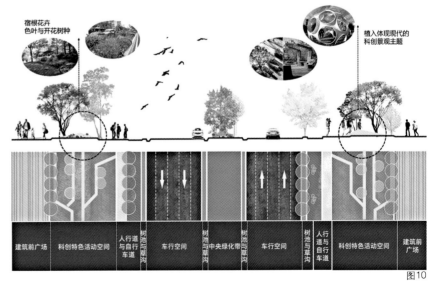

图10

图 8　生态景观主题布局图
图 9　河流蓝绿走廊布局图
图 10　科创花廊型道路景观模式图

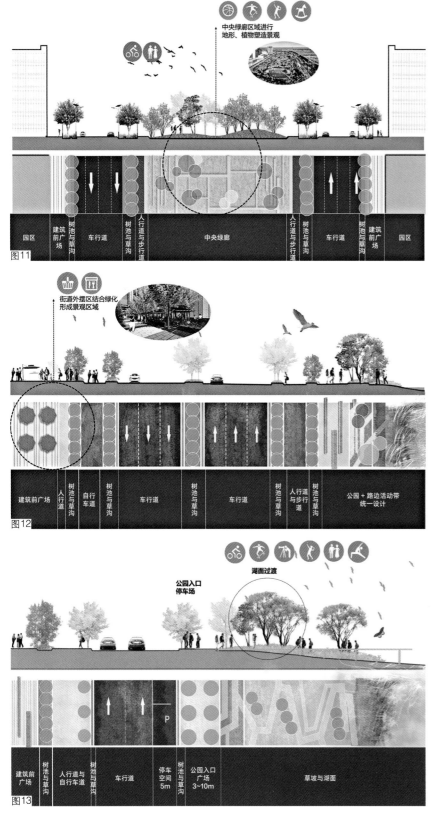

图11 中央绿廊型道路景观模式图
图12 都市绿廊型道路景观模式图
图13 湖滨视廊型道路景观模式图

并作为城市的交通运输动脉，规划将景观打造为具有韵律感、节奏感、大气疏朗的门户景廊。

（5）湖滨视廊型

滨湖道路绿地结合滨湖绿地共同梳理与设计，形成一体化的沿湖景观，同时留出观湖视廊，打造更开放的连续观湖界面（图13）。

3."一山两湖"城市公园景观控制指引

王咀湖北侧距离长江西路较近，其为对接主城区的关键大动脉，南、东侧毗邻望江西路和创新大道所组成的创新十字，集中展示了高新区的科创文化，并作为城市副中心，体现合肥的高新气质，将其功能定位为科创新园，宜结合周边量子中心、先研院等高科技机构与园区，设置户外办公模块、路演中心、品牌E墙、创艺堤岛、ID森林、无人巴士、云端球场、智能跑道、AI公园、未来集市等景点。

柏堰湖毗邻国际社区，需考虑展现人文气质、休闲娱乐、文化艺术，满足全龄市民活动需求，定义为人文家园，宜规划比翼公园、星光码头、水岸餐厅、夜游剧场、童趣之丘、生态学堂、延年雅境、阳光沙滩、艺术球场、文创市集等，突出公园的包容性、开放性、全龄可使用性。

大蜀山片区保留原始生态基底的前提下，以现状山水生态为本底，以山地植物种植为特色，以宗教文化设施为依托，以红色文化设施为重要教育基地，增加低干扰的观山游山设施，提升生态旅游功能，形成辐射全城的蜀山绿园。

五、结语

生态景观规划作为国土空间规划的重要专项之一，为锚固城市关键的绿色景观格局提供了充足的研究支撑。本规划从生态保育、人文关怀出发，为"一山两湖"片区绘制了一张绿色底图，提供了一套行之有效的开放空间导则，建立了一套可实施的生态景观项目库，一步步引导合肥高新区未来生态景观发展方向。

项目组成员名单
项目负责人：韩晓杰　卫丽亚
项目参加人：崔　迪　余银财　卞媛媛

面向乡村旅游的乡村新风景构建

——以山东青岛崂山东麦窑美丽乡村为例

中国中建设计集团有限公司／潘昊鹏　王万栋　梁文君

提要：案例采用面向乡村旅游的新风景构建手法和EPC总承包管理模式，实现成功转型的美丽乡村之一，成为新时代以乡村旅游为特色的乡村振兴新样板、新标杆。

一、概况

东麦窑村，位于山东省青岛市崂山区沙子口街道，是崂山南线一座依山傍海的小渔村。项目是在中国建设"美丽乡村"、实现"乡村振兴"奋斗目标的时代背景之下，面向乡村旅游转型成功的众多美丽乡村之一。

二、乡村新风景构建路径

随着渔业资源逐渐枯竭，村庄的产业发展逐渐面临瓶颈，村庄风貌不佳、地域性文化缺失、配套基础设施落后等问题也同时显现。东麦窑美丽乡村改造采用设计、采购、施工一体化的 EPC 模式，以设计单位为牵头单位，具备根据政策、业主需求、实际情况快速应变和解决问题的能力，在村庄环境整体提升与乡村旅游发展两方面均取得了突出成绩。

东麦窑村历史悠久，最早可追溯到明朝万历年间，村落面积共9.7hm²，135 户居民。背山面海，山海相连，山—海—村格局明显。这里几十年来一直维持着原生的浪漫气质：质朴的乡民房屋，红瓦片、青石板、油菜花、大铁门，家家屋顶都能看海。良好格局形态、人文历史条件、自然禀赋都为东麦窑村发展乡村旅游提供绝佳的条件。设计过程以保护乡村风貌为前提，以构建面向乡村旅游的乡村新风景为出发点，以生态、风貌、文化、业态基本面分析为基础，通过生态修复、风貌提升、基础设施建设、交通组织、旅游服务性功能节点的植入，有的放矢地完成景观设计（图 1），从里到外地呈现乡村的美丽风景，合理高效利用乡村资源，有机地更新东麦窑"山、海、村"交相辉映的格局（图 2），提升旅游与景观服务功能，顺理成章地支撑后期乡村旅游业态。

（一）生态优先：延续山海格局整体风貌

在生态修复方面，根据生态自然配置原则，合理选择和配置植物种类，形成种间互补和季相变化。以乡土树种为主，确保树木生长旺盛，降低种植和养护成本。结合植物景观的文化性、观赏性、生态性、经济性、特色性，从宅旁绿化、公共绿地绿化、道路绿化、河道绿化、山体绿化等方面进行分类种植。

（二）本土文化：展现乡村本地文化魅力

在历史发展中，东麦窑村沉淀了独具特色的海洋、墨窑、道家、茶业、渔业等 5 种文化要素，总体呈现一种纯朴而有质感的乡村风貌。海洋文化，是植根于此的原生文化；墨窑文化，基于墨窑的村名来历，后来在传写中演变为"麦窑"；道家文化，依托崂山、海洋的道家神仙文化；茶业文化，土生土长的崂山绿茶产业，村后有茶园；渔业文化，历代长期赖以生存的经济来源。

在景观材料方面，设计大量使用当地石材分组铺装，延续古村的质感；在景观装饰小品方面，设计墨条形地灯，引入墨窑符号。如：排列拴马桩，亦如竖立的石印（图3）；设计桅杆形灯柱，引入渔业印象（图4）；点缀抱鼓石和柱础，凸显地方乡村韵味；地面嵌入山海图地雕，引入仙家山海意趣（图 5）。

图 1　总平面图
图 2　山海村交相辉映
图 3　拴马桩与地面灯条的结合
图 4　乡道桅杆马灯造型路灯
图 5　山海经图像文化地雕

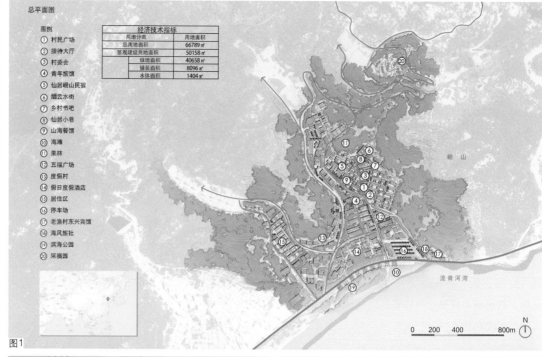

总平面图

图例
① 村民广场
② 接待大厅
③ 村委会
④ 青年旅馆
⑤ 仙居崂山民宿
⑥ 熠云水街
⑦ 乡村书吧
⑧ 仙居小巷
⑨ 山海餐馆
⑩ 海滩
⑪ 果林
⑫ 五福广场
⑬ 度假村
⑭ 假日度假酒店
⑮ 居住区
⑯ 停车场
⑰ 老渔村东兴宾馆
⑱ 海风旅社
⑲ 滨海公园
⑳ 采摘园

经济技术指标	
用地分类	用地面积
总用地面积	66789 ㎡
景观建设用地面积	50158 ㎡
绿地面积	40658 ㎡
铺装面积	8096 ㎡
水体面积	1404 ㎡

图1

图2

图3

图4

图5

（三）精品空间：打造高端精品特色景观

经过多方精心打造，目前东麦窑村已呈现出山海相融、水清山绿、肌理明晰、村舍整洁、建筑鲜明、红绿辉映的怡人景致。

1. 游客接待中心

游客接待中心由村委会房屋改造而成，位于东麦窑村中心，建筑面积约为232m²（图6）。改造保留建筑原有结构和格局，不大拆大建，布置接待处、工作间、卫生间、餐饮区、备餐间、茶室等功能空间，满足旅游民宿接待需要。庭院中布置实木条桌、条凳，点缀竹子、桂树、红枫等绿植，呈现"翠荫掩窗前，绿意生石边，邀朋围案处，明月畅怀间"的意境（图7）。

2. 接待中心前广场

合理优化建筑前广场空间的使用功能，分隔为集散空间和剧场活动空间，通过增加台阶来缓解高差，同时解决车辆乱停现象。原有廊架原位重建，结合座椅，为村民提供遮荫与舒适的停留空间。

3. 街巷

保留街巷空间作景观提升。通村主街一侧水渠增设木栈道，遮盖裸露排水管道；增加水处理设施，净化水质，渠底铺大小鹅卵石，还原自然溪水野趣。增设景观桥，沿街补植绿植花木，修补石板路面和毛石驳岸，让水渠成为主街最灵动的景观元素。

4. 细节打磨与技术创新

细节造就精品。改造中使用的铺装石、围墙石都是从当地石材厂收集来的，或从老街巷里拆房拆出来的老料。设计团队到石材厂每块亲自挑选，施工工人每块精雕细琢，造就了东麦窑的样板段经典，呈现出斑驳岁月的痕迹。收集陶罐、石鼓等老物件，还原原汁原味乡土温情（图8）。

创新实现卓越。改造整体采用生态做法与环保材料，样板段巷道采用透水铺装和石材碎拼嵌草铺装（图9）。固化土小道样板段，采用新型固土剂材料，利用场地原有土和砂砾，添加固化剂、胶结料等，以提高稳定性，恢复农村最本真的风貌。

（四）业态多元：构建全域旅游服务体系

针对村庄目前阶段传统生产方式发展受限、经济收入微薄的现实问题，通过旅游产业的引入培育实现村庄产业振兴，更好促进村民致富。"仙居崂山"是先行打造的青岛地区第一个高端主题文化民宿品牌，是崂山风景区整体品牌形象提升的标志之一，共23套民宿。此次业态策划采用自住与经营相结合模式，调结构富业态，构建以游客服务中心为核心的"一核、两轴、五区"功能布局，将乡村文化血脉与新时代振兴需求结合，将传统渔业与"吃、住、行、游、购、娱"的旅游服务结合，打造居住区与旅游区相依、村委会与游客中心相邻、本地村民与外来游客互惠的新兴产业模式和新乡村面貌，成为本项目的最大特色（图10）。

三、结语

据统计，东麦窑美丽乡村改造完成后，"仙居崂山"主题民宿项目年游客接待量为3万人次，解决当地就业100余人，年营业额达1500余万元，形成了具有拉动效应的旅游产业项目，促进了村民增收，村庄建设真正实现了宜居宜业、"留得住记忆、留得住乡愁"的美丽乡村建设目标。

项目改善村庄的人居环境，提升居民的幸福指数，实现村庄生态宜居、产业兴旺、生活富裕，带动了周边经济发展，对美丽乡村的良性、可持续发展具有深远作用，被评为"中国乡村旅游模范村、中国美丽休闲乡村、山东省美丽乡村建设示范村"等荣誉称号，成为新时代乡村振兴的新样板、新标杆。

图6

图7

图8   宅前旧陶罐造景   宅前旧石槽造景

图9 透水铺装平整垫层及放线   透水铺装路面石材碎拼铺设   透水铺装路面补植绿化

图10

图6　游客接待中心全景
图7　接待中心夜景
图8　细节打磨——收集当地各种老物件
图9　生态透水铺装
图10　巷道迷人夜景之一

项目组成员名单
项目负责人：吴宜夏　潘　阳　潘昊鹏
项目参加人：袁　帅　梁文君　王万栋　衡　娟
　　　　　　刘佳慧　李　敏　王京星　宋　扬
　　　　　　陈　雷　刘晓荻

新时代美丽乡村建设的探索与实践

——以山东威海里口山"清怡茶园"项目为例

绿苑景观规划设计（山东）有限公司／边　慧　杨田宇

提要：本项目在顺应场地自然现状基础上，延续原有场地记忆，深入挖掘地域文化，突出地方特色，积极探索区域内乡村振兴的差异化发展。

一、项目概况

（一）地理区位

里口山清怡茶园项目位于里口山风景名胜区内姜家疃水库东南，设计范围约 4.5hm²。项目基地内山清水秀，拥有得天独厚的自然生态资源优势。

（二）历史人文

里口山内有姜家疃、刘家疃、王家疃 3 个村落分布。据记载，明成化年间威海卫指挥佥事董逊在此兴建别墅，清代董祚昌在《里口山园记》中美赞道："四面山合，一径斜穿，飞峰流泉，鸟啼花落，四时堪怡，不亚武陵桃源"。但如今里口山园已湮灭于历史的长河中，踪迹无寻。

鉴于此，设计试图探寻里口山山居村落中原有的历史脉络与地方人文特色，注入里口山"清怡茶园"项目中，种茶造园，接续前史，以饷后人。

（三）设计理念

延续乡村场地记忆，复兴乡村消亡空间，尊重乡村生态基底，引领乡村产业转型升级。

以里口山中废弃的"姜家疃 108 号院落"为场地原点，以典籍记载中的"董氏庄园"为时间原点，结合场地周边原有的自然山林、水系、果园等景观资源，以可持续发展理念为引领，在尊重自然、顺应自然的基础上，打造一处乡村振兴的示范项目。

（四）总体布局

项目以北纬 37.5°的"极北茶园"为突破，打造高纬度茶园生产、加工、产业研学、餐饮观光、产品销售、网络直播等"一条龙"式的田园综合体产业模式，规划建有清怡茶园区、茶文化体验区、生态观鸟区、踏雪寻梅区、果香溢远区五大功能分区（图 1）。

其内建有"云生楼""青霭阁""歇云栈""南山小筑"等建筑，让"老"山、"老"水、"老"井、"老"房子、"老"故事重焕生机，探索乡野自然中最纯正的本真源。

图 1　分区图

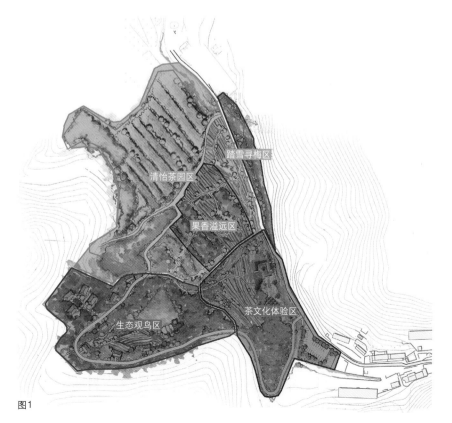

踏雪寻梅区
清怡茶园区
果香溢远区
茶文化体验区
生态观鸟区

图1

二、项目特色

(一)"消亡空间"的复兴,重塑场所精神

场地内原有一方荒芜的农家小院"姜家疃108 号"。

院落的大门和"姜家疃108号"门牌被原样地保留了下来,作为场地记忆的延续(图2)。但原建筑的尺度已满足不了人们现在的生活和休闲需求,因此,在原址院落拆除工作中,保留原房屋墙体建筑石料并进行编号,妥善清理保管后重新砌筑到云生楼的墙体以及院墙之中,云生楼中轻巧的耐候钢骨架让大面积石料纹理可以活跃在墙体上。同时遗留下来的磨盘、饮马槽等特有符号,让这片场地的记忆以其自身的方式续存,并展示于后来者的眼前。

这座以茶文化体验为主要功能的建筑,建筑面积500m²,造型质朴,原院落周边的树木也被完整地保留了下来。山间溪水环绕,绿树成荫,让建筑与自然环境融合出一种不经雕琢的平衡(图3)。

(二)挖掘地域文化特色,注重乡土元素的应用

在挖掘地域文化方面,设计一直思考并慎重选取能够表达威海本地特色的符号。最终,选择了胶东民居建筑形式的元素运用在清怡茶园的建设中。

海草房作为胶东民居的代表,其独特的建筑形式和材料运用堪称民居建筑的典范,也是胶东渔民延续百十年的精神符号,是最能展现威海地域特色的建筑形式。然而,里口山离海岸有一定距离,在里口山中运用海草房的建筑符号,对于海草顶材料的取用量我们经过谨慎的考量,最终选择仅在"歇云栈"的屋顶进行海草苫盖(图4)。将一个地区的文化符号浓缩凝结到一片不足10m²的屋顶,取舍之道,苛求本心,顺乎自然。

在建筑元素的运用上,设计借鉴了威海"福台"的独特建筑式样,运用在云生楼的建筑上。"福台"实际就是常见的烟囱,其构造自上而下,分为屋顶、四壁、殿台3个主要部分;威海三面环海,冬春季节风力强劲,多雨雪天气,从实用的角度考虑,为防止雨雪侵入烟道并缓解强风,特加强"福台"的台顶结构,这也成为云生楼独具其历史传承意义的标志性设计(图5)。

设计保留并优化了乡村原有的结构纹理,包括果园内的老井、水池,原址建筑的大门、牌坊等等,这些最能承载乡愁的"老物件",都被原生态地保留了下来。尽全力还原传统乡村的风貌,再现

图2 姜家疃108号门牌
图3 云生楼和"老门楼"
图4 歇云栈
图5 云生楼福台

图2

图3

图4

图5

里口山历史脉络中的故土滋味。

(三)生态优先,注重对场地生态的保护和修复

良好的生态环境是里口山的宝贵财富和最大优势,在清怡茶园的建设过程中注重对生态优势资源的恢复引导,弱化人为的影响,慎重植入非乡村原生的元素。

1. 随山就势,尊重肌理

清怡茶园地势呈西高东低走向,场地内保存有完整的梯田肌理,设计不破坏原有地形地貌,尊重每一方土地独特的地形结构和风貌肌理,依附水系、林带、丘陵等特有的地理结构,力求将原始山林、地貌、水溪完整展现。经过设计、选取、排

图6

图7

图8

图9

米，存有一处水杉林，约有水杉百余株，树形挺拔隽秀，树冠青翠繁茂。入秋之后，水杉颜色渐变红褐，层林尽染，树针纷纷落成毯。设计对林下的木质平台加以简单处理与改造，为游人提供休憩放松的空间环境（图7）。

挡土墙的建造也有意保留了从石缝中坚强生长的老榆树（图8），通往山中的小径也是蜿蜒曲折只为避让原就在山中惬意生长的植被。

原生植被与场地内的建筑、铺装、挡墙、小径相互成全，场地以谦逊的态度回应植被，植被最终以盎然的姿态回报以场地，这既是生态优先原则的实践，又是场地记忆和场地精神的延续。

3. 自然水系的梳理

场地内的自然溪流为山间雨水汇集溪流，有极强的季节性。溪流内的枯枝落叶、碎石淤泥已将溪底肌理完全覆盖。在上游设置两道拦水坝，拦截雨季汇集的水源，增加水体面积，涵养水源。同时对溪流底部及驳岸进行了清淤、疏通，将溪流下的山石肌理重新展现。几场山雨过后，溪涧水流潺潺，水生动植物的生境得到了有效改善，域内水系的微生态走向了良性循环（图9）。

4. 就地取材，师法自然

就地取材并不一定是单纯的材料的搬移和取用，在某些特定范围内更加取之有效的是调整构筑与自然的尺度把控。设计利用自然资源时力求精准且张弛有度，木栅栏是山中自然材料初步加工后的产物，严格把控其数量、质量以及其对于整体景观的影响（图10）。

除云生楼建筑材料使用了拆除的石材外，设计也对现状枯木进行了场内消化，清理现状场地时将老旧树桩挖出，作为园内小木桥的基础及桥身，剩

布，建筑与自然融合出一种不经雕琢的"消隐感"（图6）。

2. 保留原生植被，打造乡间生态景观

在"清怡茶园"的修建过程中，保留了场地中大量生长状态良好的原生植被。自云生楼向南百

余废料拆分组装点缀在园路两侧。另外现场施工产生部分碎石边角料，二次加工处理后直接散落在园路上形成碎石子路（图11）。

（四）建立绿色生态产业链，促进里口山区域的乡村振兴

里口山区域内的产业绝大部分还停留在农作物种植、水果采摘、农家乐餐饮的层面，产业结构较为单一。北纬37.5°的里口山，常年云雾缭绕，平均空气湿度65%，优越的地理位置和气候条件，孕育了一片适合北方茶叶生长的土地。因此，根据里口山的地理位置和气候条件，茶园选用了具有较强抗旱和抗寒性品种。同时，在云生楼西坡试验性地种植了多种茶树品种。后期以此为种质基地，并逐步扩大试验范围，驯化培育适合威海生长的茶树品种。

为了能将茶文化与旅游及相关产业更加完美地融合起来，依托茶园，建立了茶文化体验区域，引导茶客更深层次地体味茶园。"云生楼""歇云栈""青霭阁"等建筑，尽数保留了历史的成熟感，并将里口山人文、历史、自然有机结合，塑造融天地人于一体的"茶+"文化。经过逐步发展起来的茶文化可以带动人流和流量，进一步反哺里口山其他产业发展，形成产业互助、共同发展的良好格局。

三、结语

作为美丽乡村建设和乡村振兴的示范项目，"清怡茶园"以可持续发展理念为引领，在尊重自然、顺应自然基础上，深入挖掘威海的地域特色和地域文化，实现了"挖掘乡土特色，推动产业融合"的发展目标，在推进乡村振兴产业结构方面具有示范带动的"雁阵效应"，未来可对地方经济发展、生态环境改善和旅游品牌形象提升产生重要价值和推动作用。

项目组成员名单
项目负责人：戚海峰　王　震　田　磊
项目参加人：王建国　许燕东　边　慧　林　政
　　　　　　杨田宇　邢真瑜　穆志刚　王须昌
　　　　　　何云鹏

图10　竹篱笆
图11　小径

公园一词在唐代李延寿所撰《北史》中已有出现，花园一词是由"园"字引申出来。公园花园是城乡园林绿地系统中的骨干要素，其定位和用地相当稳定。当代的公园花园每个城市居民约6～30m²/人。

美丽中国之棕地复兴实践
——以安徽淮北南湖公园设计与建设为例

北京清华同衡规划设计研究院有限公司／王成业

提要： 淮北南湖公园项目是一个典型的采煤塌陷地修复案例。设计师通过科学手段与实施策略将废弃的塌陷水域转变为环境优美的国家城市湿地公园。本文对其相关经验进行梳理与总结。以期为实现棕地复兴提供一种工作思路。

一、采煤塌陷区现状与修复实践

不同国家与地区对于棕地的定义都各有不同。简而言之，棕地主要为存在污染问题的工业废弃地，其类型极为丰富。而采煤塌陷地是我国棕地中较为普遍的一种。采煤塌陷地是一种伴随着地下煤炭开采引起采空区上层覆岩受力不均衡而最终导致地表塌陷的工业废弃地。国内长期的井工开采导致了大量采煤塌陷地出现，地质塌陷影响了城市山水格局。这在一些资源枯竭型城市中尤为突出。以淮北市为例，1956年以前的城市中自然河道丰富，之后城市发展伴随采煤业兴盛，造成了大量的塌陷区域（图1）。

南湖公园位于淮北市烈山区，公园总面积约492hm²，其中水域面积约254hm²。场地内环境恶劣，周边城市风貌萧条，沉陷区存在严重的安全问题，长期无人管理造成生活垃圾堆积，地势坑洼，塌陷区坑塘密布，水体间不连通，水质恶化且有异味，很多农田、树木与房屋因沉陷而被淹没，地质不稳也造成塌陷区内道路破损严重，路网断裂使得交通不成系统。人与自然是一种相斥相离的对立关系。诸多不利的环境要素给南湖公园建设带来了严峻的挑战。

经过历时五年的规划设计和建设，南湖湿地公园已初步建成（图2），园内水绿相间，生态环境得到了极大的改善，城市生态肌理得到了修补。7.5km环湖慢跑道带动了市民的健身需求。湿地区岛屿密布，成为生物栖息地；园外产业发展迅速，达到了激活片区的目的，人、城市与自然初步实现了和谐共生的关系（图3、图4）。

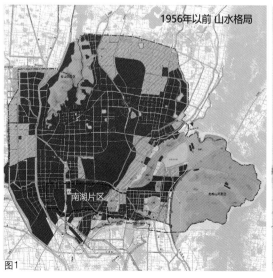
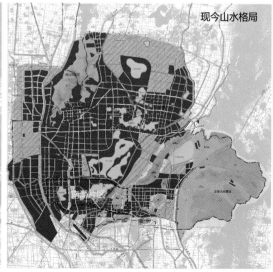

图1 淮北历史山水格局图及塌陷湖区分布图

图1

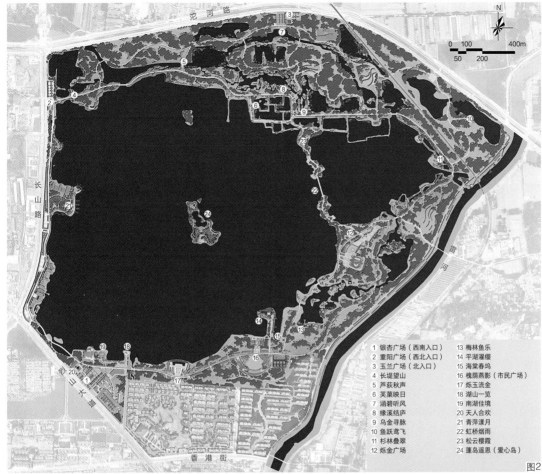

1	银杏广场（西南入口）	13	梅林鱼乐
2	重阳广场（西北入口）	14	平湖濯缨
3	玉兰广场（北入口）	15	海棠春坞
4	长堤望山	16	槐荫燕影（市民广场）
5	芦荻秋声	17	烁玉流金
6	芙蕖映日	18	湖山一览
7	涵碧听风	19	南湖佳境
8	缘溪结庐	20	天人合欢
9	乌金寻脉	21	青萍漾月
10	鱼跃鸢飞	22	虹桥烟雨
11	杉林叠翠	23	松云樱霞
12	烁金广场	24	蓬岛遥恩（爱心岛）

图2

塌陷湖区
2013 年 3 月

湿地公园
2017 年 6 月

Industrial Development

图3

图4

二、塌陷区修复的难点与修复策略

塌陷区的修复过程中难点很多，在此选取地质问题、水生态安全、污染废弃物再利用、城市活力4个方面进行介绍。

（一）以地质灾害分析为基础，确定土地适宜性；因地制宜，有序开发

地质问题是塌陷区修复的根本问题。设计必须是基于对地质勘查与生态脆弱性的科学研究，在对于塌陷区未来地质状况有充分认知的基础上才能进行。塌陷区多存在软基础、弹簧土和水土流失的状况，就南湖地块来说，我们以淮北矿务局提供的塌陷区稳沉及尚未稳沉地质条件为基础，结合场地地勘情况，可以判断园区北部在未来仍存在塌陷可能，不适宜进行大规模的土木工程建设，而园区南部已经稳沉，更为适合工程近期的开发与实施（图5）。

地质基础决定景观格局是塌陷区项目设计的重要原则。与地质状况相适宜的布局与建设可以避免工程的反复与浪费。此外还要考虑可持续的预防性设计，来应对未来存在的塌陷风险。例如在风险区应预先堆叠微地形，结合地形进行植物的设计与栽植，在未来场地塌陷时植被就不会没入水中，保证植物有一个安全的生长环境。

塌陷区地质状况复杂，还需选用适宜的技术手段来解决基坑积水与软基础问题。南湖地下水位高（埋深1.5~2m），且周边土壤透水性高，沿湖区域基坑开挖时积水严重，除采取必要的基坑降水措施外，为保证基础稳定，将基坑底部400~600mm深度土壤进行毛石或煤矸石换填，再在其上进行基础施工。

（二）以水生态安全为抓手，整理与构建区域的山水脉络与园内的水陆格局，确保生态健康与游园安全

梳理水系统，完善水生态安全网络。塌陷区地下水上涌，地表水系破坏，坑塘间水网不连通与污染物混入造成了水质问题。策略上通过疏通活水与湿地净化来改善水质。最大限度地保护现有水网结构，疏通主湖与周边坑塘，并连接外围水系以保证景区内部水系的补给、排放以及持续的景观效果，利用疏通后的坑塘水网营建人工湿地，形成环境优美的生态涵养区（图6、图7）。

调整塌陷区湖岸形式，确保亲水活动安全。因塌陷区近岸水域过深，且湖面风浪淘蚀岸线造成岸体不稳，存在安全隐患。设计中将陡坎驳岸改成缓坡入水的生态驳岸，沿岸线进行1:4放坡，一方面保证亲水区域的游客安全，同时也丰富水体形态和植物景观（图8）。

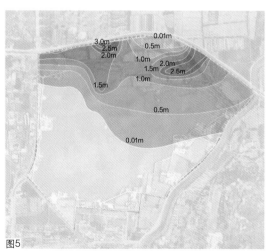

图5

图6

图7

图5　地质适宜性分析
图6　建成前坑塘区域
图7　建成后坑塘改造为湿地

构建可持续的水生态景观。用发展的思路来考虑公园的长远效果。近期，淮北南湖水源充足，以净化与提升水质为工作核心。未来随着煤炭开采停止，地下采煤疏干水丧失，塌陷区补水将成为重点，在南湖大片区的规划阶段，从整个区域的宏观角度出发，提出建设远期通过淮水北调、中水回用、雨洪调蓄来保证湖区水量。

（三）污染的治理与废弃物的再利用是塌陷区生态修复的重要手段

在工业棕地的诸多类型中，采煤塌陷区的污染物相对单一，主要是粉尘污染与煤矸石堆积等。给区域生存环境带来了不良的影响。但这些废弃物也存在着一定的利用价值。我们在公园建设中采取了许多循环再利用措施。例如：采用煤矸石换填基础，利用粉煤灰制成灰砖、水泥、加气混凝土，并应用到项目中。合理地利用这些资源，变废为宝，不但提高了工程建设效率，同时也节约了实施成本。

（四）激发城市活力需要从全局着眼，生态复苏与产业布局相结合，统筹规划，分步实施

城市活力问题是大部分资源枯竭型城市都要面对的，城市发展需要转型，这不是单从一个公园就能解决的，需要从更宏观的尺度来考量。

首先，我们先从规划层面着眼，将20多平方公里的南湖片区从"背湖发展"转向"拥湖发展"。根据城市功能定位、山水格局以及地质地貌划分产业发展片区（图9）。以南湖为核心建设的塌陷区生态公园体系，一方面改善城市生态环境，提升周边地块价值；另一方面可以为市民提供更充足的休闲空间，带来良好的社会效益。

此外，还要从实施层面着手，提供多样活动空间，文化与生态相结合。南湖公园内，围绕绿地及功能空间，建立绿道慢行系统；利用水面策划多样的水上活动。为展示地方文化提供场所，同时强调文化构建结合场所记忆留存。

三、棕地修复的几点认识

首先，要科学地研究棕地环境问题，关注其生态敏感性与脆弱性，这是设计的根本条件。其次，尽量采用低影响、低能耗的可持续发展策略与措施

图8

图9

推进修复工作，强化预防性设计理念。第三，注重文化脉络的延续，棕地作为历史上的生产用地，开发时要注意生产文化与场所记忆的保留。第四，注意棕地修复工作的持续性，从生态多样、社会活力、经济促进等多方面衡量修复成果。

棕地修复形成的公园具有一定的特殊性。因生态的脆弱性，生态修复不是一蹴而就的，需要一个过程。同时，生态修复公园的维护成本较高，如果单一追求短期迅速绿化美化，势必会给城市带来一定的经济负担。所以，修复过程需要把握度，面对生态修复要有留白存量的耐心与意识，通过科学的分析，在合适的地方、适宜的时间去作适度的开发。希望园林人继续努力，不断推进棕地修复工作，践行生态修复之路，乐享自然人居之美，为构建美丽中国尽园林工作者的一份力量。

项目组成员名单
项目负责人：吴祥艳　王成业
项目参加人：任　洁　张　洁　何　苗　李慧珍
　　　　　　高宇星　孙建羽　陈　倩　胡子威

图8　湿地与亲水生态驳岸
图9　规划四大片区

以古为源，与时为新

——谈新时代中国园林营造法式的探索

提要： 悦容公园实践探索"新时代造园法式"，设计关注"中国园林"与"中华营城"的联系，将中国园林之美融入城乡规划建设，探索在生态文明发展的时代背景下中国园林的传承和内涵的拓展。

一、悦容公园——雄安新区的"中国面孔"

悦容公园作为雄安新区第一个综合性大型公园，位于起步区南北中轴线北延伸段、容东片区与容城县城之间，总面积约 170hm²。

规划设计以中国园林"天人合一、师法自然"的哲学理念为指导，以中国传统园林文化为核心，以中国造园史纲为脉络，集合南北园林造园法式精粹，充分运用中国传统园林造园智慧，以"城景融合"及"三段论"的叙事式设计方法，构建"一河两湖三进苑、千年绿脉显九园，融绘古今画中来，中国园林呈经典"的空间意象，为市民创造新时代园林生活的空间载体，使"居之者忘老，寓之者忘归，游之者忘倦"（图 1）。

把社会美和文化美融于自然美，利用高于自然美而创造的中国园林艺术美，绘就"大美雄安、中轴礼赞、筑梦桃源、秀美景苑"的悦容画卷。系列主题园中园共同形成中国园林的室外大讲堂，中国园林文化和造园技艺得到了生动的传承和发展，推动中国园林文化在雄安新区落地生根（图 2）。

二、师法自然——造园之根本

悦容公园传承中国园林"天人合一"的造园理念，不仅注重园林山水空间环境及园林景点的营造，更遵循广义自然之道，即自然生态环境的系统性、整体性、平等性等。以期实现公园绿地"生态价值"与"诗情画意"的共振，循师法自然之道，营师法自然之境。

（一）师法自然之道：生态体系的构建

悦容公园从宏观层次蓝绿空间格局的构建到微观景观节点的营造，形成完整的生态体系，融入城

图 1　悦容公园南入口实景照片
图 2　悦容公园航拍

图1

图2

市生态系统，承担区域生态功能（图3）。构建河湖共生、弹性调控的水系格局。"一河"生态廊道，融入城市防洪排涝体系和海绵系统，建造具有弹性调蓄、源头净化功能的海绵绿地。全园规划了南北长达5km的河流消落带，标高范围在7.5~8.5m，具有水域和陆地双重属性，是陆地生态系统和水生态系统的过渡带，也是弹性变化的蓝绿生命空间（图4）。

"两湖"水位相对稳定，与河流可分可合，保证园林景观效果。以城市森林生态系统为基质，重构并完善"林、田、湖、河、草"的复合生态系统，构建八类生境，逐渐形成动物栖息地的重点保护区和缓冲区，为物种提供适宜的生长演替空间（图5）。

（二）师法自然之境：山水意境的营造

悦容公园西北向有太行为守，南向以白洋淀为汇。平原托沃野，起伏生林泉，规划遵循"因地制宜"的造园精神，充分利用现状坑塘，借壁为山，通过微地形的手法塑造张弛有度的山脉，自北向南起伏延伸，接续太行绵延之势。生态主河道承接台上山南拒马河来水，形成流动的悦容之脉（图6）。远观微丘延绵，开合有致，近赏卷山勺水，气象万千。阴阳和合，共构中轴线上气韵连贯的山水底色，塑造具有东方韵味的自然地貌（图7）。

图6

图3

图4

图5

图7

图3　悦容公园生境类型　　　　　　图6　悦容公园山水脉络意向图
图4　悦容公园滨水生境营造　　　　图7　悦容公园地形塑造
图5　悦容公园滨水空间实景照片

图8

图8 悦容春晓图
（图片来源：华海镜绘）
图9 悦容九园效果图

三、诗画成境——艺术美的创造

悦容公园设计诞生于一幅中国山水画《悦容春晓图》（图8），展开于3篇园林诗，生长出9个精美园林，18个如画景点，将中国园林之美娓娓道来。公园以山水脉络为主干，以诗意的空间意境形成"三进苑"：北苑——林泉成趣、自然朴野，隐喻园林始于自然；中苑——大地诗画、园林集萃，走向园林之繁盛，汇聚园林之精粹；南苑——蓝绿续轴、景苑胜概，展望园林的新时代生态文明愿景。

"九园"指汇聚中国南北园林特色、营造法式和园林文化精粹于一体的苑中园，由9个知名的中国园林设计大师领衔主创设计，分别为松风园、环翠园、桃花园、白塔园、清音园、拾溪园、芳林园、燕乐园和曲水园，每个园子都蕴涵着一个诗意的故事，描绘着一个如画的意境，孕育着美好的生活，传承并创新着一套营造法式（图9）。

四、城苑共融 ——城园关系的构建

如果说传统中国园林表达的境界多是脱离于尘世的林泉意趣，那么在公园城市背景下的悦容公园则是拥抱城市、与城市相融的，公园对于一个城市的价值已经从单纯的绿地景观价值上升到多重复合价值。悦容公园以实现"城中有园，园中有城"的城苑共享关系和城绿交融的特色城市风貌为愿景，从生态体系构建、城市空间协调、基础设施协同、功能和风景的共享等角度，聚焦以人民为中心的公园城市系统完善，赋予公园生态、文化、活力等多个层面的意义。

（一）重塑历史名胜，营造城市风景

昔日守护着容城的宋代白塔，是容东地区的精神堡垒、文明标志，见证了历史上秀丽丰茂的容城景象，可惜其已不复存在。悦容公园中的核心景点"白塔园"是基于对古容城八景之一"白塔鸦鸣"的重塑和再创作，不仅充分尊重历史资料的记载与描述，更深刻研究塔与园、塔与城的关系，构筑城市新的天际线，成为延续历史文脉的城市新风景地标。白塔本体的设计与建造在传承中国古塔的制式和工法基础上，采用了钢筋混凝土承重体系及轻质易加工的金属装饰构件，同时在数字化古建筑设计与建造等新技术手段的支持下实现更为高效和精准的建造与管理（图10）。

（二）打造人民的公园，共享园林生活

织补城市功能。悦容公园的规划中，根据周边城市开发地块的不同功能属性有针对性地植入多元复合的服务及游憩功能，使公园成为城市公共事件的发生地，实现其与城市功能的互补。充分发挥公园的公共服务属性，联动容城与容东新区，构建以园林为载体的城市活力核心。

共享城园界面。规划将慢行系统、公共服务

图9

图 10　悦容公园白塔实景照片
图 11　悦容公园共享园林边界

图10

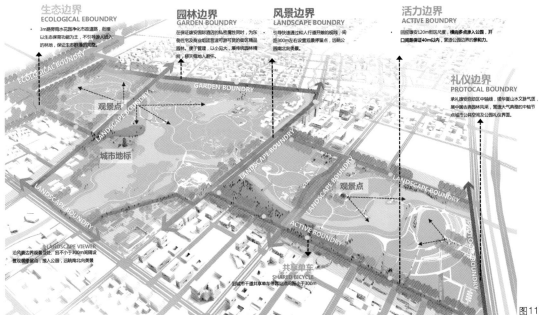

图11

设施、园林艺术展示空间、商业休闲空间融合于城苑过渡带中，东西方向强调连接，复合联动城市片区，南北方向贯通统一界面，形成"3+5+X"的共享边界模式以及五大共享界面，从而实现了园与城的多向渗透融合（图11）。

尽享园林生活。悦容公园规划设计依托不同的园林建筑和环境，从现代生活需求出发，进行了5个方面的功能活动策划：文化休闲、康体健身、教育科普、生态价值、防灾减灾，充分发挥出公园为美好生活服务的社会价值。

五、营造有法，匠心有道

悦容公园遵循中国传统园林造园艺术，集南北造园意趣，成为园林室外大讲堂。设计团队植根中

华基因，从中国山水精神和哲学的角度，对设计加以总结提炼，以古为源、与时为新，形成悦容造园"六章、十二法、七十二式"，在项目营建过程中探索中国园林营造法式的传承、创新和发展。

悦容公园开创的"九师共绘、众创众规"的工作模式，不仅是对园林艺术传承与发展的实践，更是现代风景园林营造模式的创新探索，也是一次中国园林界的盛会，为中国园林行业的发展探索方向。

项目组成员名单

项目负责人：贺风春　刘　佳

项目参加人：张毅杉　计明浩　贺智勇　刘仰峰

　　　　　　韩　君　季　炜　汪　玥　姜绵银

　　　　　　周　凯　倪　艺

传统城市公园的困境与重生

——以江苏南京玄武湖菱洲岛乐园营造为例

笛东规划设计（北京）股份有限公司／石　可

提要： 本文以南京玄武湖菱洲岛儿童乐园的更新改造为例，探索了传统公园基于现状和新时期体验需求的景观综合提升改造路径，对我国老旧公园更新改造具有参考意义。

一、项目背景

（一）历史上的菱洲岛

玄武湖在南京城东北，是江南地区占地最大的城内公园，也是中国仅存的江南皇家园林，被誉为"金陵明珠"。湖中分布有环洲、梁洲、翠洲、菱洲、樱洲五岛，通过堤桥相连。其中菱洲岛占地面积约 10hm²，因曾产菱角而得名，素有"菱洲山岚"的美誉。随着社会变迁，菱洲岛的功能定位不断变化提升，从景点变为专类公园，成为几代南京市民的童年记忆。玄武湖公园内的动物园，是南京人儿时的春游"标配"。"二龙戏珠"是菱洲主景，也是老南京人对玄武湖不可磨灭的记忆之一。

1954 年，原来位于梁、翠二洲的"动物苑"迁至菱洲，扩建为动物园。1998 年 9 月，动物园定位调整为鸟类生态园。而在 2012 年岛上的鸟类生态园搬离之后，菱洲逐渐荒废至今（图 1、图 2）。

（二）设计背景

2017 年，南京市政府提出南京市玄武湖菱洲儿童乐园项目更新改造计划，设计团队依据要求：充分保护菱洲的自然景观和历史风貌；所有新建建筑及游乐设施高度均应符合南京城墙建设控制地带高度限制要求，并尽量采用轻质、可逆的构造措施；新建建筑应简洁大方，与菱洲现有建筑风貌相协调，方案采用对环境最小干预的设计手法，加强生态保护，经南京市城乡规划委员会办公室组织召开多次专家评审，形成景观更新设计的最终方案并得以实施落地（图 3）。

二、更新设计方案

（一）设计策略

通过对岛上地形条件、现存路网和植被状况进行测绘和整理，深入研究菱洲乃至整个玄武湖的历史沿革，从现状保护、文脉传承和更新建设三个层面采取针对性策略，对场地进行规划和设计。

现状保护的内容包括：①维持场地地形和生态岸线原状，维持菱洲整体风貌，优化玄武湖步行系统与菱洲的视线关系；②保留岛内道路系统，包括进入菱洲的主干道以及原岛内消防环路；③保留 300 余棵现状古木，包括梧桐、枫杨、雪松、水杉、银杏等，维持整体植物空间结构，使之成为未

图 1　整治前的菱洲公园入口
图 2　整治前的菱洲公园内部

图3

图4

来空间设计的基底（图4、图5）。

文脉传承的设计工作包括重现老南京人心目中菱洲代表性的景观符号和部分老少咸宜的游乐项目：①菱洲入口的"二龙戏珠"雕塑作为岛上主景，在市民的童年留影中永远占有一席之地，被老南京人称为"大草龙"，是玄武湖不可磨灭的记忆图景之一。方案在原址将"二龙戏珠"雕塑进行复建（图6、图7），使之成为跨越代际的南京市民记忆连接物。②曾经的动物园和飞禽世界提供近距离人与动物的互动体验，承载着老南京人的珍藏记忆。设计方案新建一处名为"萌宠天地"的建筑物，作为室内迷你动物园，为少年儿童提供亲密接触动物的机会，传承记忆深处的美好。③曾经带给孩子们无限欢乐的环岛小火车同样在新的菱洲乐园得以重现。

基于"提升公园品质，营造全新体验"的设计目标，本次设计还从主题分区划分、配套设施完善、植物环境营造、铺装系统设计和夜景照明补充5个维度提出了具体解决方案，进行限制性的更新建设。

（二）更新实践要点

1. 主题分区划分

借鉴国内外最具人气的主题乐园模式，菱洲儿童乐园以探险为主题，沿游览动线分为纯真新大陆、哈哈王国、童话森林、暴风谷和未来世界五大片区（图8），各区分别增添了功能性建筑和核心游乐设施。

2. 配套设施完善

根据《公园设计规范》GB 51192—2016 的要求，方案在不同区域内配置小型服务设施，分为建筑和非建筑类游憩设施、服务设施和管理设施三

图5

图6

图7

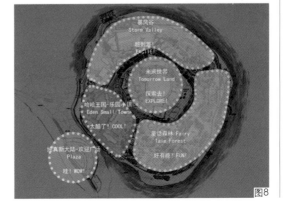

图8

图3 菱洲儿童乐园公示方案
图4 300 余棵保留大树形成的景观空间
图5 基于保留大树和原始道路形成的游园路
图6 老南京人相册里的菱洲大草龙
图7 新乐园开放后引起老南京人携家带口拍照打卡
图8 菱洲乐园整体分区

大类，包括医疗救助、旅游服务、活动场地、游戏器材、休息座椅、垃圾收集、安全饮水等20多项。所有设施均为自然风格，和谐融入周边环境（图9）。

3. 植物环境营造

除原址保留的300余棵乔木外，根据场地地形和分区主题，对公园内的植物，尤其是中下层植物进行了功能性补植，使植物空间更加饱满，观赏性更强，满足遮荫、闻香、赏果等复合功能需要，提升近人尺度空间的舒适度。植物空间以疏林草地为主要形式，参天的法桐和水杉维持原植物空间的重要骨架，形成错落有致的林冠线；补植的樱花、紫薇和玉兰为菱洲乐园带来更加丰富的季相变化。除草坪之外，设计方案还增加了阔叶麦冬、吉祥草，配合雕塑和标识补充了花境，使整个乐园在更多的时间里可以欣赏到令人愉悦的植物景观。

4. 铺装系统设计

乐园的活动广场区以透水露骨料混凝土为主要铺装材料，中轴的人行道路用仿石PC砖小料石进行黑白双色跳铺，消防环路恢复为沥青道路，保证使用的耐久度。所有材料采用更为自然的大地色系，使人工景观空间和自然环境更为融合。

5. 夜景照明补充

乐园选取了铸铁灯具为主要庭院灯形式，建筑外立面通过局部增加线性灯具勾边和泛光照明整体打亮两种方式强化。高大的法桐按照玄武湖景区整体亮化要求进行照明设计，保证了夜间乐园的安全性和美观性（图10）。

三、效益评价

更新后的中南玄武湖菱洲生态乐园于2019年6月1日正式对外开放，原有绿意盎然的风景园林得以重现，并以更有活力和可持续性的方式延续自己的生命，让更多的到访者获得愉悦体验。菱洲乐园的更新实践取得了生态效益、社会效益和经济效益的多方平衡，也为未来的传统城市公园更新提供了宝贵的经验。

（一）生态效益

设计保护了岛内原有300余棵中大乔木，同时新增紫薇、樱花、玉兰等花乔50余棵，以及玉簪、金鸡菊、桔梗等多年生花卉20余种，新增藤本植物、观赏草、各类地被160000余平方米，显著提升了植物丰富度。错落有致的乔灌群落和带状岸线可以为栖息在玄武湖的夜鹭、黑水鸡、鸬鹚等20多种野生林鸟和水鸟提供良好的生境。

（二）社会效益

根据《扬子晚报》、携程网、穷游网等多种媒体在乐园开放前后的评价对比可知，在岁月变迁的过程中，玄武湖公园作为传统城市公园逐渐失去原有活力，难以满足当前市民的使用需求，也不足以吸引外地游客。新的菱洲乐园打开了老一代南京人心底的记忆开关，也让孩子们在这里找到了属于自己这代人的童年欢笑。

经济效益：更新建设之前，玄武湖作为公益性公园绿地，无门票收入，每年需要投入一定成本用于绿化建设和养护管理，自主盈利水平较弱，菱洲岛更是处于荒废状态。2019年重新开放后，虽然由于疫情原因依然存在运营压力，但多种形式的门票收入可以为岛内管理人员成本、设施维护、园林维护等支出提供一定程度支持。在增加就业岗位、科普宣教价值、周边居民休闲游憩以及玄武湖整体价值提升等方面也有显著意义。

项目组成员名单
项目负责人：袁松亭　石　可　曹宏刚
项目参加人：王　超　李宜璐　张仁杰　杨　芳
　　　　　　李真艳

图9　新增公园的配套设施均为自然风格

图10　照明设计的补充为夜间游园创造了可能

图9

图10

北京八角街道腾退空间再利用

深圳奥雅设计股份有限公司 ／ 修广毅　郝思琦

提要： 面对冬奥主干道的特殊位置、高压线塔的限制和八角街道居民的需求，项目以"缝合城市"的设计理念将冬奥精神与冬奥运动带进社区，同时优化城市空间，为周边7个社区15000户市民营造了生态自然的活动空间。

引言

北京八角新乐园项目以北京八角街道腾退空间作为场地，以优化城市空间、提升居民生活品质、将冬奥精神与冬奥运动带进社区为目标，联合周边各种绿地和设施形成一个泛八角乐园体系，将处于割离状态的居民，通过缝合城市的设计概念无障碍地融入公共空间中，在孩子们心中种下冬奥种子的同时，也让周边七个社区 15000 户市民，出门500m 就有公园可逛、有运动可以参与。通过采用互动共治的模式，为此地块乃至整个城市注入活力（图 1）。

一、项目背景

北京八角新乐园位于北京市石景山区阜石路沿线"冬奥景观大道"南侧，占地面积约为 3.3 万 m²，场地中间是两条 220kV 的高压走廊。场地在进行腾退疏散之前为菜市场，其南侧紧邻大型商超，内部交通混乱、设施陈旧，是周围居民生活的常聚之地，也是城市高压走廊边缘的荒芜之所（图 2）。

在北京城市更新的大背景下，石景山区也在建设首钢近现代工业遗产文化区，并进行着产业转型。《2018~2020 创城三年规划》中提出了"抓住冬奥契机，大力发展群众冰雪体育运动，提高疏解腾退空间的利用效率，为居民群众的衣食住行提供更多便利"的目标。在场地西侧四公里的位置，首钢西十冬奥广场已具规模，2022 北京冬奥组委会及众多冬奥赛场即将落地。在城市飞速发展的背景下，这里逐渐显得与周边环境格格不入。

2018 年，北京市规划和自然资源委员会、北京市发展和改革委员会、北京市城市管理委员会共同主办的北京公共空间城市设计竞赛，让这片荒废已久的场地重新出现在人们的视野中。竞赛中，奥雅设计以"缝合城市——八角新乐园"的方案荣获最佳奖，为这片场地开启了新的故事。

经过一系列的场地调研及居民问卷调查，项目组最终确立了"缝合城市"的设计概念，用设计重塑场地，为八角打造新的面貌。设计团队希望通过景观设计将城市紧密地缝合在一起，恢复这片场地以往的人气，吸引周边的居民前来开展活动，为市民提供一个冬奥主题的"全年龄嗨场"，让居民的生活变得更丰富多彩，让城市变得更有魅力（图 3）。

图 1　北京八角新乐园鸟瞰

图1

二、设计思路

面对城市交通混乱的现状和场地北侧高压线塔的限制，如何在保证安全的前提下将冬奥精神与冬奥运动带进社区，同时优化城市空间、提升居民生活品质，项目组从三个方面考虑这一系列问题。

第一，基于场地现状和舒适感测试，在高压走廊的条件下，更多的活动适合在下沉空间来进行，

图2

或者借助棚、围栏、植物来拉开和高压线的视线距离，给居民提供更有安全感的心理保障。因此，设计根据是否适宜活动将场地划分为南北两个区域，场地形态上大多以带有下沉的空间为主，主要活动空间及主要大乔木种植均设置在高压线塔 15m 范围线以外，且场地内最高构筑物不超过 10m。

第二，对整个地块的路网进行重新梳理，将南侧商业区的后勤、停车和商业步行都做了人车分离、客勤分离的合理规划，并在和北侧公园的互联交通上作了更合理更具有吸引力的设计。在公园内部梳理交通，提出了步行道、慢步道和双向跑道三种人行交通模式，满足到公园来活动的不同人需求。结合周边的交通设施安排出入口，让周边的居民可方便步行进入，乘坐公共交通工具或者开私家车的人也都可以方便到达。

第三，以冬奥为主题、全民参与为目标，在整个公园设置超过 20 种运动模式，包括丰富的冬奥主题体验项目（图 4）。设计方案联合周边各种绿地和设施形成一个泛八角乐园体系，将处于割离状态的居民，通过缝合城市的设计方式无障碍地进入公共空间中来，让周边七个社区 15000 户市民，出门 500m 就有公园可逛、有运动可以参与。

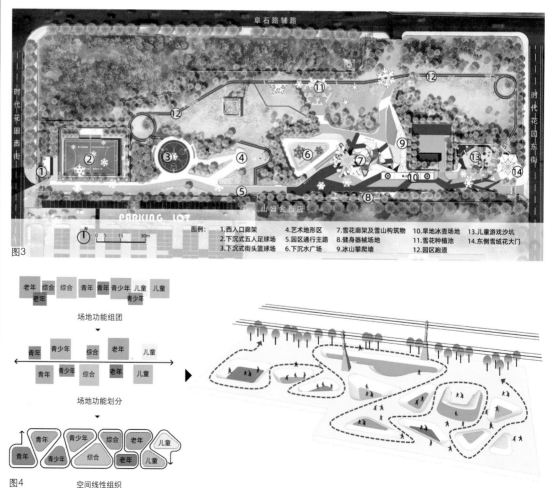

图3

图例：
1. 西入口廊架　2. 艺术地形区　7. 雪花廊架及雪山构筑物　10. 旱地冰壶场地　13. 儿童游戏沙坑
2. 下沉式五人足球场　8. 健身器械场地　11. 雪花种植池　14. 东侧雪绒花大门
3. 下沉式街头篮球场　9. 冰山攀爬墙　12. 园区跑道
4. 园区通行主路　5. 下沉水广场

场地功能组团

老年　综合　综合　青年　青年　青少年　儿童　儿童
　　　老年　　　　　　　　　　　　　　　青少年

场地功能划分

青年　青少年　综合　老年　儿童
青年　青少年　综合　老年　儿童

空间线性组织

青年　青少年　综合　老年　儿童
青年　青少年　综合　老年　儿童

图4

三、设计详解

（一）冬奥元素运用

设计将各种冬奥元素以建筑和构筑物的形式呈现出来。"雪山"廊架及"雪花"构筑物是公园的核心标志性构筑物，从阜石路向南望去，两座构筑物跃然眼前；以冬奥主题为设计依托，针对不同年龄段人群的使用，设置安全性强的攀爬、滑梯、躺网、秋千、风动设施等游戏形式及空间（图4）；利用构筑物的"雪山"形象，设计了观景平台，利用雾喷、投影灯光等科技元素营造冰雪世界的梦幻场景，打造街区空间新地标（图5~图8）；雪山构筑物的内部空间被打造为"雪山小课堂"，提供更多邻里社交的可能性；社区音乐会、科普小课堂、绘本阅读区……市民在这里不断创造出新的使用方式和活动形式。

（二）儿童友好空间

园内的多功能沙池迎合了儿童的好奇心和创造力，内部的滑梯、蹦床、太空转椅也为沙池增加了更多的趣味性。雪山构筑物的设置满足了儿童的寻知和探索需求，通过"峡谷"通道、攀岩墙、雪山滑梯、躺网、瞭望台、雪花风车等装置，来锻炼孩子们的胆量，增长孩子们的信心并满足其好奇心。下沉水广场被设计为多功能的观演活动区域，可以举办观影等各种活动，冬季下沉区域作为冰场可以进行速滑、花滑等多种冰上运动，其余季节为戏水区域，满足人们的亲水需求（图9）。

乐园内设置了雪花种植课堂，紧邻北侧跑道空间，在这里孩子们可以通过亲身参与植物种植体验，学习植物培育的小知识。场地内还分布着西府海棠、蓝羊茅、细叶芒、晚樱、狼尾草、新疆杨、美人梅、碧桃等众多景观植物（图10），孩子们除

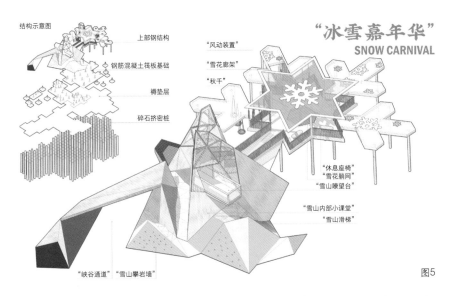

结构示意图　上部钢结构　"风动装置"　"雪花廊架"　"秋千"　钢筋混凝土筏板基础　褥垫层　碎石挤密桩　"峡谷通道" "雪山攀岩墙"　"休息座椅" "雪花躺网" "雪山瞭望台" "雪山内部小课堂" "雪山滑梯"

图5

图6

了在雪花种植课堂学习植物相关知识外，还可以通过探索乐园来认识拓展更多的自然知识。

（三）运动场地设置

设计充分利用场地和丰富游线，创建围绕场地的内部环绕空间，设置老年、青年、青少年、儿童和综合5个场地功能组团。场地内设置了足球场、篮球场、滑板场、冰壶体验区、景观跑道等体育运动空间，将冬奥的运动精神传递到社区。

足球场以蓝色人造草坪、安全围网组合而成，

图5　雪山、雪花构筑物结构分解图
图6　雪山、雪花构筑图实景照片
图7　雪山构筑图实景照片
图8　雪山构筑物使用方式
图9　下沉水广场夜景

图7

图8

图9

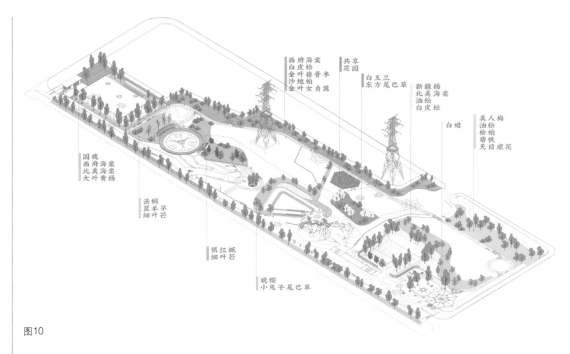

图10

图11

图12

在延续乐园蓝色主题的基础上保证了场地使用的安全性；篮球场和足球场为下沉的活动空间，利用场地高差来划分了空间的边界，也为场外的人们提供了良好的观赏效果（图11）。滑板场结合炫彩的涂鸦，在地面上展现出了儿童们心中的超级英雄形象，多种色彩的冲撞点燃了场地的活力，增加了场地的适用性（图12）。冰壶体验区采用旱地冰壶的形式，将冬奥传统比赛项目纳入了乐园之中。环绕园区设置了400m长跑道，形成完整的跑步环线，并且用蓝色系塑胶铺装上搭配地面雪花图案，充分呼应了冬奥的主旋律。

四、场地使用情况

作为2018年北京公共空间城市设计大赛获奖作品，八角新乐园是北京10个公共空间地块中首个落地项目。2021年5月试运行期间，平均每日吸引游客约2000人次，最大日接待量超8000人次，跻身各大媒体平台打卡地榜单，稳占抖音APP北京市公园广场人气榜前3名位置。

人人营城，共享再生。设计师和使用者的共同创造，使荒废的地块摇身一变成为北京市第一个高品质冬奥主题市民休闲公园。八角新乐园以互动共治的模式，为这个地块乃至整个城市注入活力。

项目组成员名单
项目负责人：修广毅
项目参加人：赵　文　张　茜　贾彤玉　杜　璇
　　　　　　赵仁伟　梁晓丹　肖　鑫　张艳青
　　　　　　赵长旺　吕振龙

与古为新·浅析大型绿地空间建设

——以河北省第五届（唐山）园林博览会为例

北京正和恒基滨水生态环境治理股份有限公司／蔡 静 王 殊

提要： 河北省第五届园林博览会最大的特色是选址在城市工业废弃地之上，通过土地复合利用和生态就地修复的方式，成功再造了以中国山水画为蓝本的自然山水格局。

> "与古为新，为是成为，不是为了，为了新是不对的。它是自然的。今天的东西与古代东西在一起成为新的。"
>
> ——冯纪忠

一、生态文明引领——生态修复成就自然山水

河北省第五届（唐山）园林博览会的选址位于唐山市开平区，总占地面积 2.18km²。这里曾是煤矿开采后的废弃地，违建厂房聚集、建筑垃圾堆积、地质地貌复杂（图 1）。

整体的生态修复工作分为 4 个阶段，首先通过科学严谨的现场踏勘和地质勘探，保障生态修复开展的安全基础，利用生态技术构建山水地形，在此基础上建立以水系循环为代表的生态循环体系，最终通过植物配置实现生物生境的重塑和生态环境的改善（图 2）。

（一）掇山理水

项目范围内存在大量采空区、未探明的作业竖井、塌陷区、地震断裂带等，设计风险极大。针对基址复杂的立地条件，项目对区域浅层采空区的地质构造以及潜在危险性进行了长期的科学排查和缜密的分析研究，最终明确了煤矿浅层采空区、钒土矿浅层采空区、活动地震断裂带、采动地裂缝的空间展布特征和属性，形成多个详细勘察报告及采空区场地适宜建设分区条件图，为总体规划设计和生态修复技术措施的拟定提供了科学依据。

针对采空区立地条件，结合岩土工程，对岩石和土的强度特性、变形特性和渗透特性的试验测定，确定相应的矿山生态修复技术，对现状采煤塌

图 1　原址情况
图 2　生态修复技术路线示意

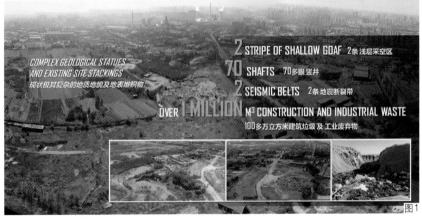

现状极其复杂的地质地貌及地表堆积物

图1

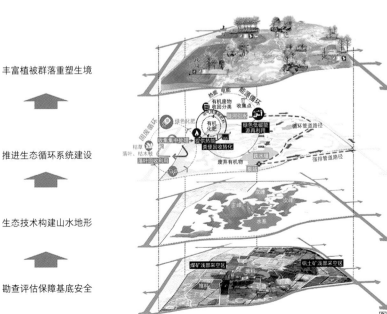

丰富植被被群落重塑生境

推进生态循环系统建设

生态技术构建山水地形

勘查评估保障基底安全

图2

图3 堆山工法示意图及堆山分布图
图4 传统园林区建成实景

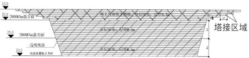

深坑回填设计说明：
清理深坑范围内垃圾（积水、淤泥、生活垃圾）进行坑底平整，然后分层回填压实，强夯加固。

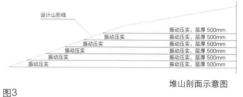

深坑回填剖面示意图

堆山设计说明：
清理深坑范围内垃圾（杂草、树木、生活垃圾）进行坑底平整，然后分层碾压进行山体堆筑

堆山剖面示意图

图3

■ 现状厂房区
▨ 煤矿浅部采空区

图4

陷区进行分层回填和压实，以利于后续建设的开展。利用 230 万 m³ 现状建筑垃圾和无害堆料就地消纳，作为堆山的土坯，主要山体脉络避让了采空区和断裂带，利用建筑垃圾，结合岩土工程措施堆工艺，疏浚现状水塘，以中国山水画为蓝本，通过实验模型推敲，塑造园区的山水骨架，实现安全性与景观性完美融合（图 3）。

（二）水系连通

整合疏浚原址 9hm² 现状采煤塌陷区和坑塘湿地，避开地震断裂带、矾土矿采空区进行湖体湿地连通建设。营造湖体水系总面积 275 亩，其中主湖面积 150 亩，其他水系 125 亩。水系连通采取地上与地下相结合的方式，地上以蜿蜒小溪连通湖面水体，地下以管线连通，形成由北向南、由高到低贯穿全园的连通水系，采用人工湿地技术构建自

净化、自维持的水生态系统。在水系设计基础上，运用海绵城市手段，分区消纳雨水，基本实现雨水不外排。

二、健康安全保障——绿色生活邂逅古典园林

整体山水脉络以中国山水画为蓝本，以现代园林工艺和生态技术营造传统园林山水格局。传统园林区将 5 个传统古建庭院融入公共景观营建，依托山水骨架，因地就势，亭、台、桥、榭一并融于山水之间，展示中国古典园林的意境与精髓，会时承担公共服务展示功能（图 4）。园区整体构建了废弃物循环体系，设置了生活垃圾分类收集、废旧材料回收再利用、园林有机废弃物降解设备等，示范展示未来绿色的生活方式。

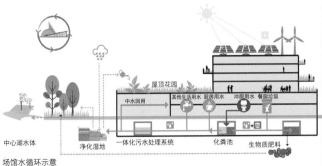

屋顶花园
中水回用
其他生活用水 厨房用水 冲厕用水 餐厨垃圾
中心湖水体
净化湿地 一体化污水处理系统 化粪池 生物质肥料
场馆水循环示意

园林艺术馆（主馆）屋顶花园
图5

（一）水循环

主湖与上游湿地设有湖体自循环管线，3座场馆、5座古建院及配套建筑雨污水经过市政污水处理设备处理达标后，再经过装配式人工湿地进一步脱氮、除磷、活化水源，使出水达到地表Ⅳ类排放标准，为景观水系补水，保障园区污水100%回用，实现污水零排放（图5）。

（二）能量循环

园博园的大型场馆建筑设计以绿色节能减排为理念，运用环保材料和创新工艺，例如智慧生活馆采用的陶板材料和光伏屋面系统。

园林古建的主体采用传统木构架，门窗、保温等构件均采用新型材料，使古建也能符合绿色建筑标准，最大限度地节约资源（节能、节地、节水、节材），提供健康、舒适的室内使用空间，以利于会时会后的永续留存和长效利用（图6）。

（三）固废循环

针对长期产出的落叶、树枝等园林有机废弃物，园内设置了一体化回收处理站，对园林有机废弃物进行分类筛选，加工成为有机肥和有机覆盖物，再利用于园内绿化养护，构建园区内部废弃物循环体系。

对于会时展览的临时性景观，更多地选用生态材料和回收利用材料，塑造贴近生活的景观设施。例如低碳环保园的回收玻璃瓶树，康体植物园储存种子的充气装置，旱溪花谷的生态材料趣味雕塑，童话花雕园的生态材料隧道、动物小品等，用生动趣味的形式向游客传达低碳环保的绿色生活理念（图7）。

三、多元功能复合——创新体验融入诗情画意

园博会展示主题围绕城市安全与健康，依托大

南薰堂（传统园林区）外景
图6

回收旧玻璃瓶制作的景观树

回收生态材料制作的动物小品
图7

数据与人工智能技术，将传统的静态展示转变为互动式体验。展览布局"一主一副"中的副馆——安全实训馆，立足唐山防灾减灾和重建经验，结合世界防疫的新形势，打造全国第一个以公共安全教育为主题的安全实训展馆。

康体植物园、智享生活园、新优材料园等专类展园，通过可视化、情景化、趣味化的景观营建，融入智慧设施，对未来园林发展方向进行户外式、亲子式、互动式的科普展示。展馆内和古建区域以AR交互技术展示园林新技术、古建筑结构等科普

图 8 智慧互动设施建成实景
图 9 运营前置布局
图 10 火车主题无动力乐园建成
　　　实景

图8

AI 虚拟骑行装置　图10

图9

内容，以及园区苗木身份识别、智慧停车提示等智慧服务产品，打造集智能高效、生活实用于一体的全新园林体验（图8）。

四、永续发展治理——绿地运营兼容普惠公平

为解决园博园会后运营的难题，将会后运营的需求前置，融入园区规划布局，为导入新兴产业和完善区域功能作出铺垫，与花海片区的其他业态实现区域协同发展，引领城市转型。园区三大展馆，会时承担室内临展，会后分区运营时将转型为所属片区的公共服务建筑。确保园博园基础设施的永续利用，打造"永不落幕"的园博会（图9）。

为吸引全年龄段客群，预热会后的长效运营，园博会创新性地布局了三大主题亲子乐园——火车主题的无动力乐园、花之星主题乐园和萌宠乐园。将园林博览与童趣游乐相结合，寓教于乐（图10）。

五、结语

大型绿地空间作为展现城市生态文明和精神文明建设成果的重要载体，在"与古为新"的理念指引下，采用行之有效、工艺稳定的生态修复技术变废为宝，实现城市生活垃圾和建筑垃圾的无害化处理与景观化利用，借助"全海绵"的设计手法实现自然降水的循环利用和内部水系的自净再生等，这些新的技术与古的园林造景技艺和意蕴传承相结合，是增进城市绿地规划建设水平，提升城市生活品质和多样活力的积极手段。

项目组成员名单
项目负责人：黄　君　闫　颖
项目参加人：王　殊　陈　笑　韩春晖　丁志勇
　　　　　　律　扬　蔡　静　闫晓辉　乔　宏
　　　　　　刘辰晓

江苏南通五山森林公园滨江片区景观修复工程

江苏省城市规划设计研究院有限公司 ／ 王　华　刘小钊

提要： 项目落实长江大保护重要指示，按照"山水林田湖草生命共同体"理念，践行五山及沿江片区生态修复，打造展示区域特色、彰显城市文化的滨江客厅空间，推动城市高质量发展。

一、项目概况

项目位于江苏省南通市崇川区五山地区，基地范围西起现在的滨江公园，南至裤子港河，全长约 6km，面积约为 133hm²，为开放式滨江带状公园。位于狼山风景区绿廊与长江滨水绿廊交汇处，是五山森林公园的重要组成部分（图1）。

一直以来，南通城南滨江地区存在大量的工业码头和临江产业，扬尘、污水、噪声等污染严重，五山地区一直是滨江不见江，近水不亲水，南通市将五山及沿江地区生态修复和保护作为贯彻落实长江经济带"共抓大保护，不搞大开发"的重要举措，致力将五山及沿江地区整体打造为集森林公园、时尚休闲、滨江旅游为一体的高品质公共活动空间。

二、设计理念

江山入画　悦动滨江——在最自然的画卷上舞蹈。

设计以生态优先、低碳畅行、个性彰显、绿色发展4个方面为出发点，将五山及沿江地区定位为集森林公园、时尚休闲、滨江旅游为一体的高品质活动空间和"面向长江、鸟语花香"的城市客厅，集中展现南通"山水文化、滨江风貌"的城市个性与特点，进一步彰显江城特色的南通外滩，作为未来南通市的生态名片、文化窗口和发展引擎（图2）。

三、项目创新、特色和亮点

（一）生态优先，复生境，美丽滨江

1. 区域生态格局层面，建立自然生境网络

结合城市总体规划、沿江岸线优化布局、五山国家森林公园创建等统筹考虑空间格局、要素配置的衔接，强化片区生态红线刚性管控和边界控制。依托水系、绿地建立蓝绿空间廊道，与大型生态空间耦合，建立自然生境网络，消解物理空间阻隔，恢复与完善动植物的活动与生存空间（图3）。

2. 生态规划层面，因地制宜勾勒生态本底

轻度介入，保留自然条件佳生境好的区域

图1　区位图

图例
▭▭▭　规划区位

图1

图2 总平面图
图3 与大型生态空间耦合，建
立自然生境网络

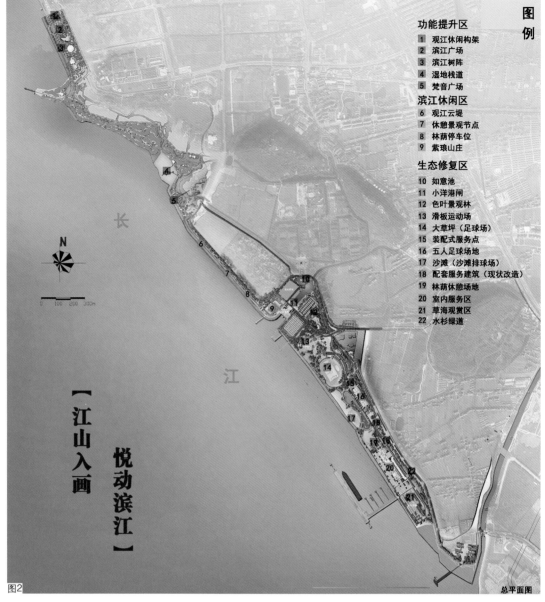

图2

图3

（图4），改造修复低质、破损、不宜人的开放绿地区域（图5），新建复绿腾退的船厂等占用的滨江区域。

3.微观生态修复层面，多样修复技术塑造美丽滨江

利用内河水系形态的勾勒与生态化处理、场地雨水的调蓄与低影响开发、植被特色的营造与乡土性运用、多样生物栖息地营建等手法修复鸟语花香的美丽滨江。

（1）内河水系形态的勾勒与生态化处理

内河水系河道弃直取弯，营建水岛湿地，减缓水系流速，在满足防洪排涝的前提下，驳岸设计

图 4 江滩湿地生态修复建成照片
图 5 绿道驿站及外环境更新
图 6 内河水系生态修复改造前后对比照片
图 7 结合乡土植物与海绵城市技术运用，梳理整治凌乱环境

图4

以生态型为主，形成独特生态、自然秀美的驳岸景观，为营造多元生境创造条件（图6）。

（2）场地雨水的调蓄与低影响开发

最大限度地实现雨水的蓄存、渗透和净化，并模拟自然状态，延续滨江片区的生态廊道功能，为动植物提供理想的栖息场所，从而构建起一套以生态为核心的滨江片区蓝绿基底（图7）。

（3）植被特色的营造与乡土性运用

遵循场地的自然特征，通过自衍花卉、乡土树种、多层次群落式组团等途径，保留现状长势较好的大树，杜绝使用大规格移栽大树，营造符合当地植被区系特征的地带性植物群落，创造良好生态环境。

（4）建筑垃圾的利用与低成本建设

拆以致用，场地拆迁产生建筑垃圾作为园路建设的基础垫层加以利用，力促节约型园林的营造。

改造前

改造后
图5

（二）低碳畅行，通绿道，宜居滨江

1. 风景绿道演绎低碳生活

统筹考虑滨江沿线的交通组织，结合休憩观景节点、公共服务建筑、滨江园路的建设，建立滨江风景绿道体系，满足低碳出行、慢行生活、绿色旅游的功能需求。

2. 设施提升，以人为本

绿道沿线考虑驿站、驿亭等不同停留时间及规模的休憩点，充分利用原有设施进行提升改造，满足停歇需求，景观上与环境协调，物以致用，节省造价。

3. 多因子评价确定绿道选线

结合现状道路、绿化、设施、游憩景点、山水通廊、游赏功能分区等因素进行绿道选线（图8）。

改造前

改造后
图6

（三）个性彰显，重体验，特色滨江

（1）五山为背、长江为影，重塑山水客厅。打造江、山、城、林共融的城景关系，还原真江山一色、长江入海第一山的山水客厅形象（图9）。

（2）塑造具有地域特征的纪念、游赏、体验空间，唤起人们对于城市文脉的追忆（图10）。

（3）在地性设计，对部分具有场所记忆的造船厂设施遗址进行保留改造微更新，唤起人们的场所记忆。

雨水花园

现状绿化
下凹绿地
图7

改造前

改造后

（4）艺术森林地景，利用植被生态修复、植被色叶变化及差异，打造独具地域特色的艺术森林山水地景，并以挂牌宣传的形式进行科普认知。

（四）绿色发展，"公园＋"，幸福滨江

1. 全时段节事活动策划

结合各文化空间策划多元游赏体验节点，打造文、旅、体、科融合的全时段文化活动。如观江景、赏芦滩、听梵音、过栈桥、登鼎路、五人制足球、沙滩排球、滨江浴场等活动节点（图11）。

2. 板块互通，融合发展

五山板块联动发展，功能互补，构建全生命周期的绿色发展产业路径，实现文旅产业融合与循环。

四、效益良好

2019年度，在南通市整治办组织的全市范围内群众满意工程评选活动中，本项目荣获"南通市城市环境综合整治群众满意工程"美誉。

2020年11月，习近平总书记考察调研看到滨江生态环境修复，过去脏乱差的地方如今变成人民的公园，强调走生态优先、绿色发展的新路子，为长江经济带高质量发展、可持续发展提供有力支撑。

项目组成员名单
项目负责人：刘小钊　王　华
项目参加人：吴　弋　舒　怀　夏　臻　翟华鸣
　　　　　　徐　淳　张　涛　陈　健　李　伟
　　　　　　张　雷

图8　狼山南入口节点绿道建成前后照片对比
图9　龙爪岩—黄泥山—梵音广场建成照片
图10　狼山南大门、如意池建成照片
图11　滨江体育公园各类活动场地

重大历史事件语境下的城市公园地带营造

——以浙江嘉兴南湖湖滨区域为例

浙江省城乡规划设计研究院／张　伟　柯　明

提要： 以"中共一大"会址转移至嘉兴南湖为历史线索，通过历史脉络的时空转译、主题场景的景观叙事、空间表达的精准落位三重策略，营造城景交融、主客共享并且具有嘉兴文化独特体验的高品质滨湖公园地带。

一、项目背景

1921 年 7 月 23 日，中国共产党的第一次全国代表大会在上海召开。因受法租界巡捕房滋扰，会议中断，亟须再度选址。参与会议筹备工作的王会悟建议到嘉兴南湖，在湖中开会。

本案位于嘉兴南湖东岸，占地 21hm²，是一个城市中心亟待有机更新的区块，规划定位为湖滨商业区与南湖之间的活力休闲板块。环湖其他三面都是带状绿地，东岸空间开阔连续，距离烟雨楼和红船最近距离 200m，是城市面湖的最佳观景面以及湖城交融的关键区域。

二、设计思路

（一）要素提炼

基地曾是嘉兴城门外几处水陆集市之一，也是嘉兴近代工业的发端地之一。一些遗存散落在场地中，诉说不同时代的历史：以牌坊为标志的南湖老码头、大盐仓桥及南湖革命纪念馆老馆、曾经全国最大的丝绸联合工厂——嘉兴绢纺厂及仓库等附属用房，以及因厂而生的工人子弟学校——南湖中学等（图 1）。

（二）设计视角

（1）与场地相关的历史信息量大、时空跨度广，但遗存数量少、空间分布散。应当通过系统梳理文化脉络，结合现有遗存活化和新旧创新融合的方式，以恰如其分的文化表达让人们从另一个角度

了解建党历史。

（2）关于建党的时代背景、坎坷历程等历史信息，不可谓不厚重。应当摆脱说教式的宣讲和生硬的项目植入，从城市更新、湖城融合的目标出发，润物无声地打造满足现代休闲需求的纪念空间。

（3）除了文脉梳理和功能完善之外，还要为人们的使用感受作更周密细致的考虑。应当注重场地记忆与独特价值的挖掘，连接某一时刻的情感与思考，营造具有嘉兴地域特色和南湖场地精神的空间场所。

三、营造策略

（一）策略一：时空转译

追溯时代背景，复盘历史事件和历史遗存在以

图 1　项目区位及遗存分布示意图

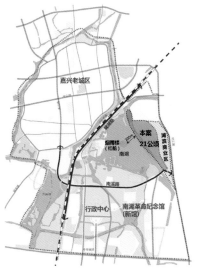

■ **现状遗存**

① 历史文化景点——南湖码头、牌坊、大盐仓桥、纺工桥港

② 红色文化——南湖革命纪念馆　③ 文保建筑——南湖高级中学

④ 工业建筑遗存——绢纺厂厂房

图1

图2

近代以来得风气之先
嘉兴火车站 1909 年沪杭铁路通车

市井繁华 以张家弄的真实历史为原型的
民国市井风情展现

革命纪念馆老馆

工商业迅猛发展 嘉兴第一座现代化绢纺厂
嘉兴绢纺厂遗存

江南水乡文化之源
进步青年作家以新文化改造家乡开通民智
南湖中学

沪杭一带旅游胜地
烟雨楼·湖心岛

商街水湾
南堰镇

革命纪念馆新馆

宣公桥 抗日炮台遗址
嘉兴火车站旧址

狮子会渡口

南湖革命纪念馆（老馆）
鸳湖里弄
嘉绢印象
南湖书院
南堰湾景

烟雨楼

南湖革命纪念馆（新馆）
南湖游客服务中心

图3

"中共一大"为原点的时间轴和空间网上的坐标，梳理一条连续完整、主次分明的脉络。

沪杭铁路通车、工商业发展、新思潮涌入、旅游小城的市景繁华等诸多要素构成中共一大在此召开的时代背景（图2）。以这个时代背景为线索，追溯"一大"历程，结合南湖革命纪念馆和烟雨楼等革命纪念地，打造从追溯革命历史，到瞻仰革命圣地，再到接受革命教育的全新红色文化体验，形成"重走一大路"的主题游线。同时延展出穿过湖滨区域的陆上游线。前者是明线，后者是一条引人探索的暗线。这条暗线在空间上以历史遗存为脉络指引，形成四大板块：以嘉兴传统巷弄园林为蓝本，追忆重大事件发生地市井繁华为主题的鸳湖里弄；依托嘉绢老厂房及其周边历史格局，以1921

之民族工业体验为主题的嘉绢印象；以南湖中学旧址为载体，以1921之新思潮新文化体验为主题的南湖书院；呼应南堰古镇水岸商贸繁华，体现现代滨水休闲主题的南堰湾景（图3）。四大板块通过滨湖公共连续的景观带和向内渗透的开放空间串联统一，打造城景交融、主客共享、具有嘉兴文化独特体验的高品质滨湖公园地带（图4）。

（二）策略二：景观叙事

四大板块注重主题渲染下的场景塑造，以空间感受传递历史，通过历史讲述故事，强调切身文化体验，而非点式和静态的纪念和瞻仰（图5）。

（1）鸳湖里弄——以真实史料为依据的异地重构，展现民国嘉兴的市井风情

图 2 时代背景脉络示意图
图 3 游线规划示意图
图 4 整体鸟瞰效果图

图4

以张家弄的史料为依据，在南湖码头和革命纪念馆旁恢复了以张家弄为蓝本的民国风情街。选取鸳湖旅社、寄园和五芳斋等重要地点的真实历史信息，分别予以新建或历史信息展陈，对"一大"会议发生的历史场景进行再现。

（2）嘉绢印象——以场地遗存为依托的线索组织，唤起绢纺厂沧桑变迁的集体记忆

针对建成遗产公共空间的更新，根据核心价值和集体记忆，加强历史环境与建筑本体的互动，延续它们的生命。如果鸳湖里弄是对历史背景的场景氛围的营造，嘉绢印象就是围绕绢纺厂的历史，以遗存、事件和集体记忆为内容的景观叙事。

（3）南湖书院——以时代背景为内容的文化展陈，赞誉嘉兴平民教育的独到之处

不同于前两者，此处是南湖高级中学历史建筑统领下的花园空间处理，学校与湖滨的边界在这里消隐了。从建党历史背景中抽取线索，通过点缀和内敛的方式表达出来，并将两个空间融为一体，文化展陈在不知不觉中进行。

（4）南堰湾景——以历史片段为镜像的公共艺术，呼应南堰古镇的水岸商贸繁华

如果鸳湖里弄是在故事场景中休闲，此处就是在时尚休闲活动中了解历史和民俗的点滴。此处设计由风景园林设计师主导，扎根地域文脉和场地基因，融入公共空间具有功能性的公共艺术，激发场所精神，让游客有在地感、市民有归属感。

（三）策略三：精准落位

叙事载体和相应的空间表达应当在现代与传统、场地特征和项目特点、地域特色与场地精神之间寻找到精准的结合点，并融入具体的场景与功能中。

1. 鸳湖里弄

以观音兜青砖山墙建筑、水街埠头为空间特征，以"老故事、新业态"的理念营造体验1921市井繁华的文化风情街。同时通过纪念性与功能性结合的鸳湖旅馆、以传统园林承载市井文化和慢生活的寄园、五芳斋体验区等具有老张家弄记忆的文化体验和现代休闲业态，以及内部的互动文化水景、随处可见的文化标记，共同形成一个体验历史背景的故事场景（图6、图7）。

2. 嘉绢印象

老厂房变身为嘉绢印象馆，承载文化体验、旅游咨询、主题餐饮、时尚发布等功能。基于文保建筑核心价值的研判，围绕厂房的锯齿状立面组织开放空间和公共活动。以绢纺厂最典型的锯齿形立面

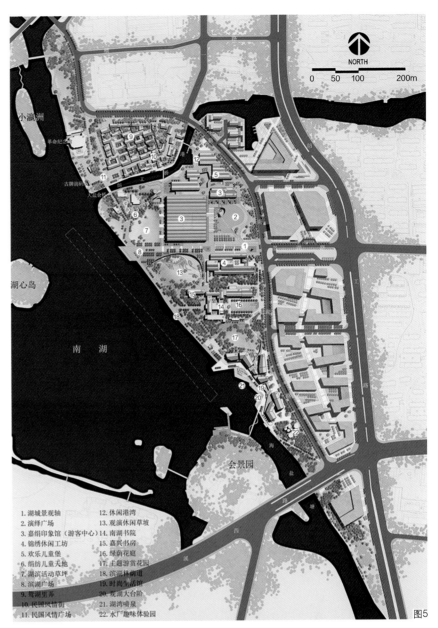

1. 湖城景观轴　　　12. 休闲港湾
2. 演绎广场　　　　13. 观演休闲草坡
3. 嘉绢印象馆（游客中心）14. 南湖书院
4. 锦绣休闲工坊　　15. 嘉兴书房
5. 欢乐儿童堡　　　16. 绿荫花庭
6. 绢纺儿童天地　　17. 主题游赏花园
7. 湖滨活动草坪　　18. 滨湖林荫道
8. 滨湖广场　　　　19. 时尚生活街
9. 鸳湖里弄　　　　20. 观湖大台阶
10. 民国风情街　　　21. 湖湾喷泉
11. 民国风情广场　　22. 水厂趣味体验园

图5

图6

与老仓库作为广场建筑的主界面，划分入口中轴空间的节奏序列。在地上、地下空间的整合利用和景观化处理中，融入绢丝的要素，从细节上回应场地记忆（图8）。

3. 南湖书院

依托南湖中学的建筑遗存和空间格局，遵循

图5　总平面图
图6　鸳湖里弄鸟瞰效果图

校园空间属性，植入嘉兴书房、教育培训、精品住宿等功能。对于此类体量较小、特定功能的区块，除了自身功能的延伸之外，打破学校的封闭围墙，使书院花园和湖滨的开放空间贯通融合又自成一体，形成关于1921历史背景中文化教育篇章的展陈场所。

4. 南堰湾景

作为南湖旅游活动的拓展板块，以商业休闲配套功能为直接导向，辅以表述南堰历史趣闻的公共艺术小品，打造呼应南堰古镇水岸商贸繁华以及现代时尚活力的休闲板块。

四、结语

当历史进程中最值得铭记的一些事件，与现代城市中最多元综合的公共空间交叠，恰当的触媒使两者发生美妙的化学作用。同时这是风景园林人在日趋复杂的城市更新项目中应承担的角色所在，体现出以下特点：

综合性——本案涉及专业众多，风景园林人凭借极大的专业包容性、对自然发自内心的热爱和对诗意公共空间的执着追求，厘清历史事件的内在联系与现有遗存的衔接关系，完成时空合一的文脉建构和场所塑造。

丰富性——面对历史事件、时代背景、建成遗产、场地记忆等多种或虚或实的要素，注重景观叙事载体的选择、叙事逻辑的张力和叙事细节的支撑，使景观具有启发性，引导人的主动思考。

探索性——在高品质公园地带和嘉兴本土休闲地的双重目标下，在项目特点和四个板块场地特征之间，精准地找到大众集体记忆的桃花源，成为传统文脉和现代功能的结合点。今天会成为过去，本土的也是世界的，特殊与普遍相互转化，如何在不断变化中寻找它们的结合点值得持续探索。

目前，项目已全面建成并投入使用。在后期方案设计与施工中根据现实情况针对细节有所调整，但依旧秉承整体规划的设计理念，并延续了规划的功能定位和空间格局（图9、图10）。

项目组成员名单

项目负责人：陈伟明　陈　超

项目参加人：马仲坤　杨永康　张　伟　柯　明
　　　　　　薛　然　刘佳妮　刘　辉　吴　程
　　　　　　孙晓燕　应　政

图7　水街埠头效果图
图8　嘉绢印象广场效果图
图9　建成鸟瞰图1
图10　建成鸟瞰图2

全龄友好，智慧共享

——江苏昆山智谷小镇大渔湖公园景观设计

苏州园林设计院有限公司／韩　君

提要： 项目将总体呈现一平方公里的海绵示范区、4km的智慧环线与连续的自然交互的绿色创客空间，为高知人群提供高品质的环境和完善的配套。

一、项目背景

本项目占地约 1km²。从大阳澄湖片区、13.5km² 科技园区以及大渔湖周边区域 3 个层次定位大渔湖公园为区域智慧核心，与森林公园生态核心、文体中心文体核心形成区域的三核联动关系（图 1）。通过绿色廊道与绿道系统接入西部片区的双环结构。

二、项目简介

公园聚焦于"智慧"，建成后的智慧公园将总体呈现 1km² 的海绵示范区、4km 的智慧环线与连续的自然交互的绿色创客空间（包含 7 处智慧盒子），为高知人群提供高品质的环境和完善的配套（图 2）。

大渔湖公园总体分为东部、南部、西部、北部四大主题片区（图 3），东部片区定位为自然山林区——晴岚洲，在现状滨水区堆山 12m，成为全园的制高点，同时在观湖最佳点设置一处覆土建筑——创客书吧。

西部片区定位为公园的主入口门户区，运用科技、人文、生态三条轴线形成主入口开场通畅的景观气势，入口雕塑以波浪和科技为理念，运用清水混凝土和不锈钢材质，打造大渔湖智慧公园的门户形象。

南部片区定位创客社区公园，包含了创客花园、水花园、草坪秀场、健身场地与儿童乐园等几大功能区，打造公园最有活力的智慧社区，其中在南部东北角区域结合秀场设置了创智之家，为高知

人群提供了集中交流的场所、为园区的新产品展示提供了空间。

北部片区定位为生态公园，在保留现状湿地的基础上，展示不同季节湖水、驳岸与植物之间的景观层次与季相变化，与东部的自然山林区一同形成丰富的生态核心。

三、新技术与新材料的运用

（一）绿地海绵体建设——引入具有雨水净化功能的下沉绿地

昆山市所处的江南地域，河网密布、地下水位高、四季多雨，大渔湖水质情况目前良好，随着后

图 1　大渔湖公园、文体中心、森林公园区域联动图

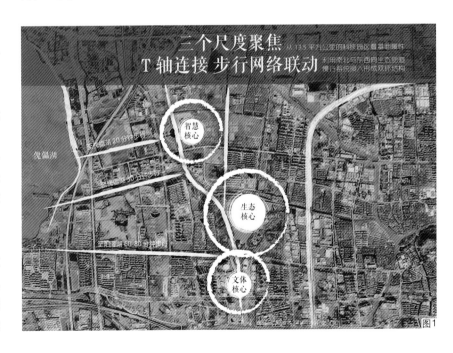

图1

图 2　大鱼湖公园总平面图
图 3　大鱼湖公园总体鸟瞰图

①北入口广场　⑳景观挑台
②水岸观景平台　㉑海绵广场
③停车场　㉒滨湖步道
④保留改造厕所　㉓下沉水庭院
⑤主环路　㉔景观广场
⑥游路　㉕湖中岛
⑦疏林草地　㉖主入口标志
⑧景观廊架　㉗阳光草坪
⑨景观浮桥　㉘集散广场
⑩湿地景观　㉙台地花园
⑪晴岚远眺　㉚景观木平台
⑫创客书吧　㉛商业街
⑬旱溪
⑭荷花池
⑮创客之家
⑯运动场地
⑰儿童乐园
⑱户外表演
⑲南入口广场

图2

图3

期建设的推进，水质净化将会是大鱼湖生态环境保护中的重要目标，因此，大鱼湖的绿地海绵体建设主要体现在"净"上。设计大量运用了下沉绿地中具有雨水净化功能的各类低影响开发技术措施，利用物理、水生植物及微生物等作用净化雨水，以达到高效的雨水径流污染控制目标（图 4）。在实施过程中采取多专业合作的方式，包括整合了水敏城市设计、生态污染治理及市政雨水管理、绿化养护等多个专项推进湖区绿地低影响开发建设。

整个公园采用植草沟、雨水花园及生态滞留反

应器、湿地等典型低影响开发技术措施，力求公园内部海绵体与大鱼湖本身的大海绵形成一体的海绵系统，主环路采用透水混凝土路面，在路两侧布设植草沟（图 5），同时在各片区设置了具有雨水净化功能的下沉绿地。初期雨水通过下沉绿地中优选的具有水质净化效果的本土湿生植物所产生的植物根系生物膜，通过一定的生态反应时间，能有效地去除雨水中的杂质和污染物，降低水中氮、磷的含量，达到净化雨水的目的（图 6）。运用这些海绵体，全园将实现 75% 雨水的地表径流控制。

图4

图5

图6

图7

图8

（二）智慧盒子——智能化引入

在 4km 的智慧环线上，通过 7 处智慧盒子实现智慧公园的 WIFI 覆盖、有线接入、信息实时传送、产品发布与展示等一系列功能（图 7）。智慧盒子主要服务于两类人群。一是刚毕业、资金缺乏但是又有很多想法的年轻人，这类人群需要低消费及最好不要消费的场所来进行讨论、交流、消化想法，这些盒子，就是为此类人服务；二是针对普通的游客和市民。在智慧盒子里，有慢行步道服务站，有发布着比如 CS 对战、拓展、交友约会的信息，有与别人分享的祝福、结婚的场景，也有比如某个公司的产品信息发布的功能，体现了方案中阐述的 O2O 互动。

（三）路面新材料——帕米孔露骨料透水混凝土艺术路面

主环路采用透水混凝土路面，起到快速排掉道路积水的作用（图 8）。

昆山阳澄湖大渔湖景观将成为公园与智慧相融的新的公园建设模式，为高知人群创业、创智以及生活提供更智慧、更生态的绿色空间。

项目组成员名单

项目负责人：贺风春　刘佳　韩君

项目参加人员：张毅杉　黄若愚　蒋毅　张逸
　　　　　　　刘路路　戴秀男　朱霞宇　殷从来
　　　　　　　沈挺　周志刚

康巴藏区城市公园景观设计策略探索

——以云南香格里拉市香巴拉综合公园为例

金埔园林股份有限公司／赵文进

提要： 本文以香格里拉市香巴拉综合公园为例，通过文化可传承、生态可持续、经验可借鉴4个设计原则，打造生态特色、文化特色、活力特色、经济特色4个方面相互融合的综合城市公园，为康巴地区的高原城市建设提供新探索模式。

引言

康巴藏区通常指青藏高原东南部，横断山区的大山大河夹峙之中，为我国三大藏族集聚区之一，地域涉及四川省甘孜州、青海省玉树州、西藏自治区昌都县、云南省迪庆州四大主要行政区。康巴藏区在地势地貌、季节气候、风土人情等多方面存在很多相似之处，城市建设模式具有相互参考的研究价值。

香格里拉，为迪庆藏族自治州所辖的县级市，藏语意为"心中的日月"，地处滇、川、藏三省

(区) 交汇处，位于"三江并流"保护区域，城区平均海拔3300m，是一个多民族聚居、多宗教并存的高原县 (市)，是大香格里拉生态旅游核心区。香格里拉市总体气候呈现出"昼夜温差大、紫外线强、长冬无夏、春秋短"等高原独特环境。

一、项目概况

香巴拉综合公园占地总面积29.95hm² (449.25亩) (图1)，位于新、老城区的交汇处，地处桑那河和纳赤河的交汇点，周边以居住用地为

图1 香巴拉综合公园总平面图

天地之灵 极乐圣境
致力于为香格里拉营造一个藏式元素为基调
生态·文化·活力
城市综合性公园

① 公园次入口　⑭ 月光广场
② 生态停车场　⑮ 亲水木平台
③ 公共厕所　　⑯ 菩提广场
④ 茶马古道　　⑰ 观湖长廊
⑤ 休憩廊架　　⑱ 弧形主入口
⑥ 湖畔凉亭　　⑲ 健身中心
⑦ 公园主入口　⑳ 儿童乐园
⑧ 入口景墙　　㉑ 叠级亲水平台
⑨ 民族团结柱　㉒ 风雨拱桥
⑩ 美食城　　　㉓ 格桑花主入口
⑪ 香巴拉文化馆 ㉔ 日光广场
⑫ 坛城广场　　㉕ 历史浮雕景墙
⑬ 跌水坝　　　㉖ 八瓣莲花广场

图1

主。周边区域内缺乏大型公共活动空间和片区活力中心，且香巴拉公园位于城市三大文化组团（行政中心、独克宗古城、松赞林寺）的中心，是展示香格里拉民族文化和旅游风情的重要窗口。香巴拉综合公园作为滨水公园，建成后的灵动的水域与充沛的绿地（图2）构成了"高原山水城市"的动脉和绿肺，塑造出香格里拉城市景观的亮点。

二、设计原则

近年来，香格里拉市以"世界的香格里拉"标准打造城市形象，抓好旅游城市品质建设，切实提高城区舒适度，积极探索推进高原生态森林城市建设，让高原城市绽放绿色、释放氧气、生态宜居。在针对香巴拉综合公园景观规划设计中，项目组着重分析项目本身所具有的城市需求，形成了文化可传承、生态可持续、经验可借鉴的设计方案。

（一）融贯综合学科效益

香格里拉市以旅游经济为主导，也是中国重要的生态保护屏障。现代城市公园景观设计须突破传统的园林形式，融合经济学、规划学、景观学、水利学、生态学、社会学等多学科的理论和技术，达到效益的最大化。

（二）打造景观及时成效

由于苗木的生长需要时间，多数绿地建设项目完工后距离理想效果有一定成型期。而高原苗木生长期较短，推荐"前人栽树，前人乘凉"的模式，选取一定大规格苗木，建设竣工成果一次成型，及时让市民享受到公共民生的福利。

（三）彰显共性和个性

香格里拉市地处藏族自治州，以藏民为主，具有多民族文化融合的特征。在城市公园设计中充分挖掘各个民族的共性，尊重各个民族的文化资源个性，传承和繁荣地区历史文化特征，营造极具民族特色的人文公园。

（四）增强场地的整体性

香格里拉市属于横断山区，城市建设尺寸有所局限，在后期公园布局梳理设计中，斟酌相关城市规划，扬长避短，统筹市政道路与公园游览线路的关系（图3）。根据规划和交通的需要设置游人活动广场，让市民和游客在漫步和驻留之间变换心情。

三、设计措施

香巴拉综合公园结合城市建设规划，提出了"天地之灵，极乐圣境"的香巴拉核心文化主题。公园围绕生态、文化、活力来打造，突出万物相融

图2

外围市政道路：北部规划滨河四路为10m车行道，两边各2.5m人行道，其他四周均为通行2~4车道兼2~3m人行道；
区域步道：环绕整个公园水体，联系各个分区的漫游步道，途中设置引导标识、公共厕所等。宽度约2~4m；
慢行休闲步道：位于各个功能区，符合各区功能特色的漫步道，宽度约1.5~1.8m（可三人并排行走）；
小型机动车位：位于公园主要出入口与市政路口，大约150辆。

城市
区域游园步道
慢行休闲步道
主要出入口
次要出入口
P 停车场

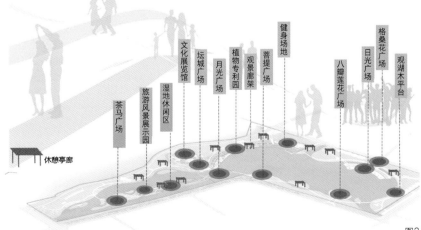

图2　平面演变示意图
图3　总体分析图

图3

图4

图 4　水体复合生境
图 5　祈愿白塔
图 6　七请莲花生大士

相生的香巴拉"理想国"文化内涵,让"香巴拉"演变成实实在在的旅游体验性场地和便捷的市民休闲去处。

香巴拉综合公园将雪域文化、高原人居、生态旅游和生态经济融合在公园的整体规划及建设中,将文化体验、生态休闲、康体娱乐、乐园展示适合地融入公园内,吸引使用者,激活每一个区域。

设计从生态特色、文化特色、活力特色、经济特色4个方面,打造多维度、多层次、多类型的高原城市公园,达到香巴拉综合公园人文精神和自然风景相协调,真正实现"天地之灵,极乐圣境"的香巴拉文化主题精神。

图5

图6

(一)筑生态,调城市人居气候

在香格里拉城市绿地系统规划中,香巴拉综合公园位置为城市生态廊道的关键"水囊"节点。公园建设通过"扩河拓湖"的措施,将纳赤河和桑那河两条河汇聚成湖,开辟成 13.58 万 km² 的水域面积,形成 34 万 m³ 水体蓄水点,有效蓄住两河水系资源、收集山谷径流、补充地下水位,水域形成的"生态空调机制"可缓解香格里拉市干燥空气。同时,利用本地与驯化植物构成双重驳岸修复,发挥城市南北滨河"活力氧吧"作用。此外,通过湖中岛、林间溪、岸边绿等生态景观形式(图4),筑造复合型生境,为多种生物、动物提供合适的高原湖泊栖息地。

(二)融文化,强城市全域旅游

香巴拉综合公园在空间布局上,利用水脉的延续,将纳帕海国际湿地公园、蓝月山谷景区、噶丹松赞林景区、独克宗古城等地域文化资源串联起来,延展城市东西南北旅游资源空间幅度,改善市民便利休闲场所的合理辐射,形成自然景区与人文景区的效益联动和资源互补,实现香格里拉市全域旅游的全类型互动。

项目建设在满足基本服务设施的前提下,以"全域性旅游"+"香巴拉"+"高原湖泊"综合旅游项目思维,融入高原民俗风情文化旅游项目。通过深度挖掘迪庆悠久灿烂的历史文化底蕴,将传统藏式建筑风貌、红军长征、雪域马帮、藏族文化、情景雕塑等融入设计当中(图5、图6),打造景观节点及文化小品,成为融生态、休闲、健身、娱乐、科普、人文为一体的高原特色景观。

(三)集活力,提城市精神风貌

香巴拉综合公园规划初心是致力打造集康体娱乐、文化体验和生态休闲于一体的多样空间,给市民及游客们提供一个服务功能较齐全、基础设施较完备的公园。定义的服务对象不仅仅为本地市民和游客,更关注周边的山城居民"对美好生活的向往"。辐射范围包括德清县、维西县、稻城县等附近少数民族地区,促进多民族在一个城市公共空间中,相聚相亲、同乐同游。

在香巴拉综合公园内,健康步道、运动球场、健身场地、儿童乐园、观湖长廊等休憩和观赏点,构成最基本的配套设施;坛城广场、菩提广场、莲花广场、月光广场、马帮广场五大节点广场,为藏族"锅庄舞"、白族"霸王鞭"、傈僳族"跳嘎"、

图 7 "锅庄舞"
图 8 "东巴舞"

图7

图8

纳西族"东巴舞"、汉族广场舞等多民族活动提供空间,促进城市居民与城市环境的和谐友好(图7、图8)。

(四)兼经济,创城市地块价值

香巴拉综合公园是地域最大的公共服务公园,位于3个片区交接处,设计通过塑造较好的区块配套环境,孵化"公园"经济,使城市生活和生产双重目标相辅相成,实现良性循环,如周边地块的陆续开发、夜间临时摊位售卖、游乐商店等。

四、结语

香巴拉综合公园建设以"原始生态、民族文化、地域特色"三张牌为依托,强调修补形态、修复生态、提升业态、植入文态"四态合一"的规划措施,推进由"城市中建森林"向"森林中建城市"转化,按照"树进城、河变湖"的整体思路打造。项目为高原生态森林城市"首个示范""首个样板""首个指标"在香格里拉市的成功落地积累经验,进而为康巴地区的高原城市建设提供新探索模式。

项目组成员名单
项目负责人:赵文进
项目参加人:窦 逗 程 诚 胡 静 张婷婷
　　　　　　袁常洪 徐 超 宋梦娇

景观环境是近年众说纷纭的时尚课题，一说源自19世纪的欧美，一说则追记到古代的中国，当前的景观环境，属多学科竞技开正在演绎的事务。

户外感知课堂

——北京理工大学附属实验学校景观改造

北京北林地景园林规划设计院有限责任公司／孟润达

提要： 将美学艺术嵌入户外空间，将生态环保融入校园生活，用科技创新激发探索热情，用文脉重构传承理工文化。

图1

1—主入口广场；
2—景观水池；
3—特色种植；
4—活动广场；
5—旗杆；
6—操场；
7—纸飞机艺术雕塑；
8—翻转景墙；
9—黑板景墙；
10—小农场；
11—雨水花园；
12—初中入口花园广场；
13—雨水花园剧场；
14—社团交流广场；
15—徐特立雕塑；
16—景观廊架；
17—文学花园广场；
18—生物认知小径

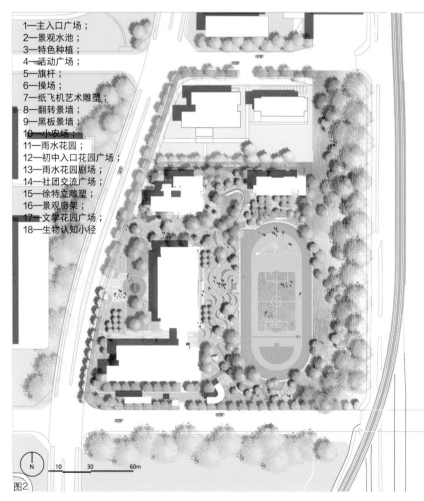

N   10   30   60m

图2

图1　改造前状况
图2　北京理工大学附属实验学校平面图

一、项目背景

北京市房山区良乡大学城拥有丰富的教育资源，北京理工大学附属实验学校作为大学城科创试点学校，旨在通过本次改造创造高品质的校园景观示范样板，为今后大学城园区建设作出示范。

二、项目概况

本项目为北京理工大学附属实验学校（含小学、初中）室外景观改造项目。基地总体占地面积为4.07hm²，其中可绿化面积约为2.46hm²。景观改造前，校园景观仅简单地完成综合楼及小学部教学楼周边的地面临时铺装，其他地块均以草坪作为临时景观（图1）。

本项目的改造核心是在确保绿地率，满足学生活动集散空间，满足消防安全等前提下，探索校园室外空间与美育、生态、科技、文化等内容的互动模式，创造高品质的校园景观示范项目（图2）。

三、设计理念

（一）户外感知课堂，展现办学理念

学校办学理念为："品质示范，以境育人"。项目将"户外感知课堂"作为设计理念，将自然、科学、艺术等方面的多元感知融入校园景观，使学生积极参与创造，寓教于乐。

根据不同年龄层需求设计不同的户外感知空间：在小学教学楼周边设计星空水池、翻转景墙、户外小农场、雨水花园、户外黑板墙、博物认知走

图3

图4

廊等，营造充满童趣与科普意义的活动空间；在中学教学楼周边设计草坪剧场、文学花园、流动书吧、分子广场等，满足中学生课余交流、社团活动的需求（图3~图6）。

（二）海绵生态校园，环保与生活共融

将雨水花园模块嵌入校园景观，回收屋面、地表径流雨水以及空调冷凝水，同时设计地下蓄水池系统，探索海绵生态设计与校园科普的有机融合。

设计生态小农场让学生体验农作物种植，小农场内设置垃圾分类箱和有机物发酵装置，将有机垃圾制作成肥料，直接给小农场作物进行施肥。

学生通过雨水回收利用、垃圾分类等生态技术的室外实践，潜移默化地接收和理解生态科普教育（图7、图8）。

（三）科技创新工艺，激发探索热情

在场地设计中应用新工艺新材料，激发学生在使用中深入地观察和探索。

旋转树池座椅通过传动轴承和地面隐形滑轨实现了座椅灵活转动，在满足消防安全的同时，提供了旋转互动的乐趣（图9）。

分子互动桌椅创新性地使用了激光雕刻树脂材料，将广场装点成通透的彩色舞台。激光雕刻的科学方程式透过阳光在地面投射下五彩变换的光影符号，激发学生对科学的探索（图10）。

地下蓄水池蓄积地表汇流雨水，可在旱季为周边绿地提供水源。结合地下蓄水池系统，创造性地设计了电机抽水（满足日常养护）和手摇抽水（小农场灌溉器）两套独立系统。"小农场灌溉器"将蓄水池水源通过灌溉器提取，浇灌农场作物（图11）。

（四）文脉元素重构，传承百年理工文化

北京理工大学拥有近百年校史，以航天军工学

图5

图6

图7

图8

图9

校园北侧的社团活动广场设计了多组互动座椅，可以灵活地搬动组合，形成不同空间的讨论空间。设计灵感来源于化学分子结构的组合形式。

图10

通过地下蓄水池系统与转轮取水器，浇灌系统，作物种植池相组合，将雨水花园收集的雨水用于农作物浇灌。雨绿色环保理念也基于对学生实践。

图11

图12

科为专业特色。本项目基于儿童的视角，对校园文脉元素解析重构，演绎理工大学悠久的文化底蕴，探索景观设计语言在文脉传承中的应用与表达。

纸飞机艺术雕塑是场地内标志性景观元素，用充满童趣的形式传递着北京理工大学引以为傲的航天军工学科，诠释"放飞理想、逐梦蓝天"的信念；理工大学创始人徐特立雕像伫立在茵茵绿草间，与景观环境融为一体；设计将百年校史文化与彩色表盘装置结合，将严肃的校园文化以活泼的形式传递给学生。

景观设计通过视觉、互动等措施将校园文化潜移默化地传递给学生，强化了科技兴国、民族自信、国家自信的信念（图 12）。

四、结语

户外活动是中小学教育中重要的环节，校园景观的塑造应在满足基本需求的基础上，加入多元的教育互动空间。本项目将"户外感知课堂"作为设计理念，将对美育、生态、科技、文化的多元感知融入校园景观，引导学生积极参与其中。

项目建成后，深受全校师生喜爱，室外的欢声笑语与室内朗朗读书声相得益彰。教育是涓滴之水贯穿一生，懵懂少年步入校园的刹那，即开启了孜孜以求的逐梦之旅。校园景观无疑是教育的重要载体，互动的教育形式更容易被青少年接受，本项目成功探索了校园景观设计与青少年户外教育的接驳方式，创造了寓教于乐的高品质校园景观。

项目组成员名单

项目负责人：谭晓玲　张亦箭　孟润达

项目组成员：张　涵　黄小泉　陈又畅　宋　佳
　　　　　　蒋　鹏　蔡朝霞　张园园　石丽萍
　　　　　　刘框拯　陈春阳

水月松风　旧题新意

——2021 江苏扬州世界园艺博览会北京园

北京山水心源景观设计院有限公司／夏成钢

提要： 单纯的花卉展览虽一时热艳，但很容易在一连串展园之后产生审美疲劳，缺少回味。而传统园林叙事虽然丰厚，却易于老套沉闷。二者巧妙结合，可别开生面，独具特色，扬州北京园设计就是迈向这一目标的尝试。

一、背景

2021 年扬州世界园艺博览会在扬州西部城市仪征举行。原貌大环境为一马平川（图 1），北京园落址于展区中部，东、南二界紧临人工景观河，面积 6576m²。会展主题为"绿色城市，健康生活"。具体到北京园的设计要求，则是在生态与园艺前提下突出地域特色。

二、难点

（1）十余年来频繁的园博会早已使游人审美阈值普遍升高，全国各地已有数十座北京园，因此再创新亮点颇有难度。

（2）园艺是展会主角，如何融入文化并与传统景观协调，也是一个挑战。

三、总体构思

（1）以传统园林的意境设计为指导，即：留下景观伏笔，引发联想、唤起情思；选取典故性北京景观景物作为地域象征，以园艺手法为时代精神，烘托全园主题。

（2）花木是展示主体，内容包括新优品种与运用组合手法。因此尽可能运用植物组织空间造景。所有硬质构筑都视为花卉展示的支撑物与观赏地，而不是主角。

（3）确定建园主题。从寻找两座城市的景观共同点入手，既能表现北京特色，又能被举办地人

群所理解。共同的文化背景易于引起游览共鸣。

（4）扬州风景以月色著称，如"二十四桥明月夜，玉人何处教吹箫""天下三分明月夜，二分无赖是扬州"广为人知，瘦西湖熙春台、个园"月亮石"、片石山房"水中月"也是经典之作。同样北京也有众多月色主题的景观，如清漪园"望蟾阁""云香阁"，圆明园"水月松风""卢沟晓月"等。此外，两个城市又以大运河紧密联系，可资引申。因此设计以"月"与"运河"为主题，诗化为"一水共月明"，使设计者与游人都有思索发散的空间。

（5）全园分为 4 个部分：主庭院、西套院、峡谷 3 个内向空间，以及 1 个河边外向空间。穿插 6 类花木展示带（图 2、图 3）。

四、重要景观节点

（一）松中月、镂月开云与待月轩

全园主展区为临潭花坡，作为北京传统花卉展

图 1　扬州北京园址与原貌

图 2　扬州北京园平面图
图 3　扬州北京园鸟瞰图

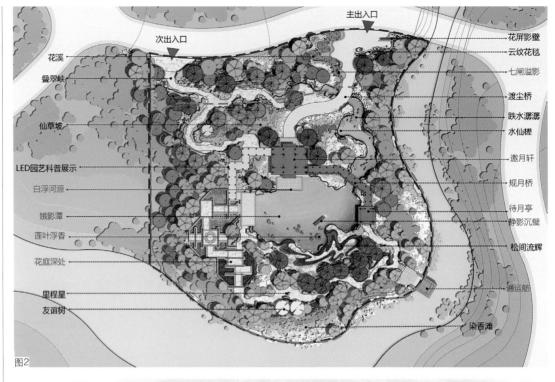

次出入口　主出入口

花溪
叠翠峡
仙草坡
LED园艺科普展示
白浮河源
娥影潭
莲叶浮香
花庭深处
里程星
友谊树

花屏影壁
云纹花毯
七闸溢影
渡尘桥
跌水潺潺
水仙槎
邀月轩
规月桥
待月亭
静影沉璧
松间流辉
通运舫
染香滩

图2

图3

示带（牡丹、芍药、桂花），坡顶种植大乔木作背景，并创造适宜牡丹生长的半阴条件。花坡设二条花溪穿插牡丹丛中，使构图产生动静变化，也调剂季相变化（图 4 ~ 图 6）。

为点明主题，在坡顶设计一轮明月——现代艺术装置，以松枝与桂花相掩映，寓意"明月松间照""月中桂子落"。时令花溪与"明月"装置连接，仿佛从月中流出，题景"花自月中流"。同时，牡丹坡命名为"镂月开云"，源自北京圆明园的经典景观，也是牡丹优美的写照，即牡丹花瓣如雕刻的月亮，又如云光乍泻的幽美，并以刻石文字提示。

依托主题线，本区展示 12 种牡丹、23 种芍药、4 种桂花，延长展示花期，同时展示时令花卉色彩渐变的组合方式。

花坡隔潭对岸，建敞轩作为观赏点，其形象缘自大运河源头白浮泉景观——"九龙喷玉"，在潭池壁上安置 9 个龙头水源。题为待月轩，以呼应牡丹花坡"镂月开云"。以楹联传达设计意象："泉自白浮一脉水；月共广陵千古明"。

（二）花影壁与运河闸

入口大门设计希望简洁而具个性，采用北京传统影壁与宫门门钉两个元素。影壁上安装的 30 颗

图4

图5

图6

图7

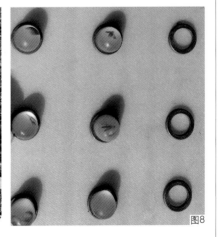

图8

"门钉",每一个都是由树脂制作的花卉标本,代表了园中展示的30大类花卉品种,壁上题字也用植物镶嵌而成(图7、图8)。

门区一侧设置运河闸板,与花影壁呼应,组成入口形象。闸板刻写北京大运河9座闸来历,闸下花溪展示不同花卉品种,并以渐变形式体现水流、水花效果，同时引人联想，沟通两城的大运河也是一条友谊纽带。

（三）规月桥

规月桥是北京圆明园历劫唯一幸存的景观，其后又被毁无存。它的廊桥形式是北京众多园林中的孤本。在老照片发现之前，其形象早已湮灭无闻（图9）。

图9

图10

图11

"规月"由乾隆题名，意为桥栱与桥影融为一轮圆月，是宫廷赏月热点。在北京园中复建可谓恰如其分。此外在传统园林样本中，拙政园小飞虹、余荫山房的浣红染绿，是为人熟知的江南、岭南廊桥形式。复建规月桥将添补一个北京皇家样本。

规月桥的位置，作为入园后的第一形象，具有北京标志性。同时它又位于主景区的东北角，与历史原迹呼应，月出东山之寓，便待夜游（图10）。

（四）幽谷叠翠

为创造攀缘、悬垂、岩生植物的展示环境，在园西北堆筑微型土山，模拟北京居庸关关沟的谷地风貌，叠石为崖谷，在岩壁缝隙种植蕨类等14种植物，在崖顶斜栽油松、罗汉松等大乔木，两壁枝丫相接，上下皆绿，形成"幽谷叠翠"意象，也与庭院内浓艳形成反差，使游人得到片刻安静（图11）。

（五）通运花舫与花庭深处

园界东南角、外向河湾处设置一处"船头"景观，上缀鲜花。船的形制及装饰等细节设计，源自大运河上的御舟"安福舻"。船头朝向东南，寓意从京城通州南下扬州，题为"一路高歌下扬州，满船花艳亮碧湖"。

园西设置两进廊架院落，反复安置"月洞门"，强调光影变化，以"套院"的郁闭反衬水潭主庭之大。院中展示新优品种以及近赏型花卉，集中花境的种植手法与外部大尺度的花溪形成反差。廊下放置石桌、座椅等家具，供人歇息交流。以匾楹点出景观深意："千里婵娟""泉水池水潭水，水水同映明月；你家我家他家，家家齐叙天伦"。

五、结语

北京园及月亮景观都是老题目，但本设计力图旧题出新意，融入新手段，产生新亮点。从两地园林文化共同点出发，围绕意境设计，不失为创造特色的一个路径。"看出亮点、说出故事"是游览北京园的直接感受。而借园博会之机重塑北京湮灭的园林，也不失为继承、利用传统的一个途径。

项目组成员名单

项目负责人：夏成钢

项目参加人：赵新路　张英杰　张玉晓　陈德州

　　　　　　刘晓路　赵站国　杨晓娜　梁艳萍

图9　焚后幸存的规月桥
图10　扬州北京园规月桥夜景
　　　照片
图11　寓意关沟的悬垂植物区

打造灵感工作生活圈
——北京中关村集成电路设计园

易兰（北京）规划设计股份有限公司 ／ 唐艳红　魏佳玉　李　睿

提要： 以"打造灵感工作生活圈"为设计核心，聚焦于生活与工作的空间结合，通过环境的营造提升、激发工作热情与创作灵感，同时回应城市公共空间的多元功能需求，与周边居民的需求结合，提出打造一个有生命力、有温度的工作生活圈。

一、背景和原则

优质的办公环境有利于提升办公体验，保证工作质量。在工作与生活对立的传统思维下，越来越多的设计项目将要求聚焦于生活与工作的空间结合，通过环境的营造提升、激发工作热情与创作灵感，同时回应城市公共空间的多元功能需求，与周边居民的需求结合，打造一个有生命力、有温度的工作生活圈。位于北京市海淀区中关村永丰高新技术产业基地内的中关村集成电路设计园（IC PARK），就是以"打造灵感工作生活圈"为核心设计的开放式活动空间，致力打造 IC 产业的综合生态创新园区，吸引了大部分集成电路龙头企业来此落户，同时也为周边民众的生活、活动提供了综合的公共空间（图 1）。

二、打造灵感工作生活圈

项目场地是以集成电路的研发与设计为主的产业园，设计团队从中提炼出了"集成灵感"这一主题。办公景观应为使用者的工作体验提供多种空间可能性，同时满足健身、娱乐、购物、餐饮等生活需求。园区周边多为高新技术产业，设计团队提出了打造灵感工作生活圈——与城市共享公共绿地，希望实现开放式管理，使得园内景观与周边绿地融合，成为与城市共享的空间（图 2）。

（一）设计元素与景观语言

设计团队从产业园的生产方向入手，挖掘集成电路板的特性，从中提炼元件、布线的设计元素，结合不同发展时期的集成电路板外观，从中抽象出点与线的设计语言（图 3）。以元件为"节点"，用景观的方式营造空间，供人休憩、交流（图 4）；布线（线）即为"流线"，用景观的手法流通空间，成为整个园区的交通路径（图 5）。以"点"为基础元素进行组合设计出"停留节点"，并结合"行"的元素连接每个"点"。不同尺度的"点"围合成场地，结合软硬对比——硬质中有绿地，绿地中有铺装——丰富空间体验与趣味性。以"线"为基础元素进行场地连接设计出通透的交通流线来增强"点"之间的张力，有机地连接了各功能区块。

图 1　园区入口喷泉广场

图1

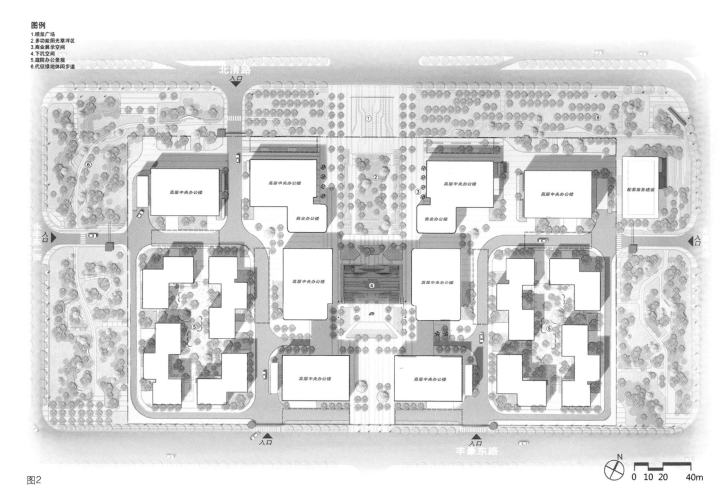

图例
1. 喷泉广场
2. 多功能阳光草坪区
3. 商业展示空间
4. 下沉空间
5. 庭院办公景观
6. 代征绿地体地闲步道

图2

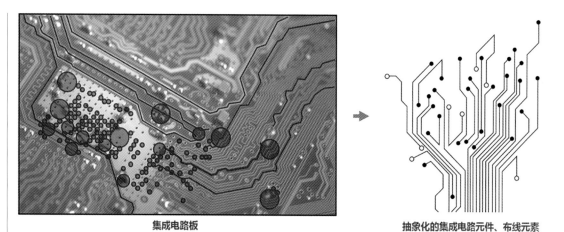

集成电路板

提取集成电路的主要两个元素：元件、布线
将元件与布线分解为景观语言：点、线

抽象化的集成电路元件、布线元素

图3

图2 园区平面图
图3 设计概念推导图
图4 以"点"为基础元素设计
　　的园区休憩空间
图5 以"线"为基础元素设计
　　的园区地面

图4　　　　　　　　图5

（二）多元化空间与办公生活体验

项目的景观设计体现出了"一心、一轴、两园、两带"的基础层级。强化了临北清路一侧主入口的展示性，着力打造入口景观，不仅成为本案设计的起点，也衔接了与中关村壹号地块的轴线关系——即设计的"灵感之源"。主入口广场设置集成电路铺装形态的互动水景（喷泉广场），吸引人群参与，打造景观亮点（图6）。开敞的入口广场采用阵列式的种植形成可供人活动的林下公共空间，同时为企业提供小型集体活动场所。园区开园后，美食、科技、文化、潮玩、电影等诸多元素在喷泉广场上轮番上演，吸引了海淀北部科创人才与居民的热情参与，来此游玩的人络绎不绝。

中心下沉空间形成"集成之谷"，既有休息读书空间，又兼顾雨水收集功能，并与四周商业街衔接，主要提供休闲放松空间，周边底商设置室外的咖啡、茶座，供员工享受阅读时光（图7）。台地与草地绿化结合，形成现代、舒适的休憩空间（图8）。"灵感庭院"是办公区景观的主题，主要包括小型室外洽谈空间，私密的休息空间和室外公共空间等。通过林荫空间，现代化的小品设置、精致的景观细节以及趣味艺术品等，打造舒适、人性化的办公空间，丰富人的景观体验。

在区政府和甲方的支持下，该项目提出对红线外围环境空间进行一体化设计并付诸实践，使市政绿化带成为城市向园区的过渡空间以及开放、共享空间，成为园区对外展示的重要界面，也是可以充分开发和利用的景观空间。设计团队将其打造成服务内部空间的"内向型街区"，以"微地形+植被"设计形成防护隔离带，以"场地+植被+构筑物"形成绿化休闲带。设置林下慢跑道及球场，为员工提供有氧健身的场地（图9）。开放的阳光草坪，打造开阔精致的园区展示面。街角节点设置开放的街头广场，为市民提供林下的休闲活动场所，同时也是外部入园的人行入口之一，连通内外，成为活力共享的生态绿廊（图10）。

屋顶花园主要由两部分组成，包括生态观赏景

图 6　园区主入口喷泉广场
图 7　休闲放松兼顾雨水收集的下沉空间
图 8　台地与草地绿化结合的休憩空间
图 9　园区绿道及健身场地

图6

图7

图8

图9

图 10 园区草坪、林下跑道与
市政绿化带的连接

图 11 可供休息、交流的屋顶
花园

图 12 屋顶花园中可参与的活
动绿地

观和活动绿地（图 11）。观赏性以种植为主，植物呈现具有季节特色的景致。绿化屋顶起到隔热、储水、过滤和减少热岛效应的功能。提高空间利用价值的同时，利用植物的特性实现建筑的低碳和环保。屋顶花园主要为员工提供休息区、吸烟区、交流空间等（图 12）。

三、打造绿色生态产业园

本项目荣获美国绿色建筑评估体系标准 LEED CS 金奖认证，透水铺装占比超过 70%，下凹绿地占比超过 50%，是海淀区首批严格按照消防登高面全硬质和海绵城市要求报批的项目。设计团队遵循国家倡导的抗灾雨洪管理及海绵城市设计理念，通过收集雨水（包含建筑屋面雨水、场地内雨水以及道路雨水），利用园区内设置的下凹式绿地集水坑、蓄水池、雨水收集草沟、下沉式绿地等对收集来的雨水进行暂存，使用弃流、粗略过滤、沉淀过滤技术净化所收集的雨水，将收集到的经过处理的雨水储存在清水池内，最终应用于整个园区的景观补水和绿化灌溉，使全园绿化景观及配套设施如同一块弹性十足的呼吸绿肺，在下雨时饱吸雨水，在干旱时吐水浇灌花草树木。

四、结语

严谨高效并不与富有人情味冲突，产业园景观也并非冷酷的设计。产业园共享空间的设计需从使用人群的角度考虑，打造一个充满人文关怀并可提升工作状态的场地。设计方案为多样化的活动预留出足够空间，在提升空间层次与多样性的同时，也让使用者感受到来自景观的关怀，真正实现提升空间温度、启发灵感生活。

项目组成员名单

项目负责人：陈跃中　魏佳玉

项目参加人：郭　画　王清清　董一帆　焦智涵
　　　　　　薛亚蓉　王　琛　牛晓华　徐慧群
　　　　　　刘永杰　许丽平

图10

图11

图12

景观统筹一体化建设
——北京城市副中心行政办公区启动区景观设计

中国城市建设研究院有限公司 / 刘　晶　张　琦　周欣萌

提要： 北京城市副中心建设是以"营造宜人环境、传承北京气质、引领智慧生活"为总体目标，以园林绿化统筹协调各专业的一体化建设示范区。

引言

2012 年，北京市委、市政府明确提出"聚焦通州战略，打造功能完备的城市副中心"，明确了通州作为城市副中心的定位，这也是北京市围绕中国特色世界城市目标，推动首都科学发展的一个重大战略决策。

中国城市建设研究院与北京市建筑设计研究院合作承担了副中心行政办公区先行启动区约 70% 的景观设计工作。先行启动区位于长安街的东延长线上、运潮减河与北运河之间，是副中心行政办公区的核心区域，总占地面积约 122hm²。其园林绿化与景观工程以统筹协调的一体化建设为特色，严格贯彻落实创新、协调、绿色、开放、共享五大发展理念，贯彻落实中央提出的构建蓝绿交织、清新明亮、水城共融、多组团集约紧凑发展的生态城市布局要求，紧紧围绕副中心战略定位和发展目标，发挥先导作用，为打造"千年城市"提供了示范（图 1）。

一、大林汇智、经纬交织的森林行政办公区

以"营造宜人环境、传承北京气质、引领智慧生活"为总体目标，以"大林汇智、经纬交织"为总体设计概念，设计团队提出"大树林、风景环、景观轴、园中园、绿荫厅、健身道、林荫路、海绵网"的特色景观结构，从面、环、线、点、网多种维度，将办公区建筑群植入绿色环境中，营造人与自然相融的舒适环境，使"风景"融入日常生活之中。从使用人群的需求出发，在空间设计上满足人们交流、休憩、健身的需求，通过绿环、绿网、绿轴、绿庭、绿带的系统设计，塑造端庄却又不失灵动的景观氛围，引领绿色低碳、文明健康的生活方式，打造世界顶级的生态化园林绿化创新示范区（图 2、图 3）。

综合应用"海绵城市""智慧园林""节约型园林""低碳园林"等先进理念和技术，前期介入总体规划与策划，与交通、环保、水利、能源、城市管理、信息技术等多专业合作，高效统筹，一体化设计，节约利用土地与资源，实现社会、经济、生态、美学等多层次综合效益的最大化。

巧妙运用传统铺装和特色构筑物，结合使用功能与建造需要，传承大气、包容、自然、大雅的北京气质与文化脉络，以润物细无声的方式将文化融于场地中，在环境中实现人文理想。市委南广场地面铺装设计注重材料选择、建造方式、技法等具体

图 1　整体鸟瞰

图1

图2

图3

图4

图5

图6

细节，以不同时代的石材组合，形成抽象与写意的效果，融合北京数百年城市发展的线索与历史文化的脉络，唤醒人们对于历史文化脉络与自身文化基因的追忆与思考（图4）。

二、统筹协调、功能复合的风景河道

镜河（原名丰字沟）自北京城市副中心行政办公区中央场地穿过，原为连通运潮减河与大运河之间的排水渠道，作为润城之水浸润了新区，与北京老城一脉相承。设计团队将镜河水渠转变为兼具休闲游赏、排水调蓄、生态节能等功能的城市风景河道，外迁让出行政办公区的中央场地，运用可游可赏的造景手法，打造开放、共享、多功能的城市河道及滨水空间，激发市民乐活、健康的水畔生活（图5、图6）。

镜河河道景观设计融合了中国古典园林中的理水思想及现代城市开放空间与风景河道的智慧，既借鉴了皇家园林的恢宏阔大，又融入了北京胡同文化的平易亲和，于潜移默化中将景观精细化设计与文化性、实用性、节材节地相结合，为避免千城一面、景观同质化提供了另一条路径。

镜河河道景观设计以跨领域、多专业的统筹协调作为预设条件，注重总体效果与功能复合，强调各局部、细节间的呼应。在相互映衬、呼应而又富于整体感的开放空间中，实现了地源热泵、水道、绿道、风道、节地设计"多道合一"。同时，一体化营建生态系统，统筹考虑生态水岸、水质提升、集雨绿地、低能耗绿地、可再生能源、生物多样性等需要。

滨水空间设计以有利于共享为追求，充分考虑到周边居民的需求，高效利用水资源及周边环境，

图 7 依托景观台阶家具随时随
      地健身
图 8 运动健身慢跑径封边镌刻
      着千余条北京胡同的名字

塑造降温、降噪、除尘、安静的小气候空间，步移景异，亲和宜人。因地制宜地利用场地内的绿道、坡道、台阶、栏杆、灯杆、座椅等设施，布置河道沿岸的"软性、安全、温和"的无器械即时健身系统，结合连贯的健身步道、休憩平台、避雨廊架等，引导办公人群及周边居民在优美的户外景致中随时随地使用，让健身活动融入风景之中，从而舒缓压力、增进交流、提高工作效率、减少亚健康状态（图 7）。

镜河健身慢跑径道牙设计在满足使用功能的同时兼具承载北京数百年城市发展线索的文化功能，相互榫卯衔接的镌刻了千余条北京胡同名字的石料，形成了一条能够储存北京民众共同记忆的情感线，让场地在满足景观功能的同时成为文化基因的载体，蕴含独特的感染力（图 8）。

三、生态节约、清新明亮的林荫路网

先行启动区场地中，1 条景观轴贯穿南北，3 条东西向轴线相互呼应，镜河河道与和公共绿地组成环抱办公核心区的生态围合，整体形成全区的山水结构与自然式的园林景观。在这样的景观结构中，设计团队提出将林荫路网、健身路网、海绵网统筹安排，共同构建先行启动区的绿色骨架。

与市政工程等部门一起进行综合考量，一体化设计车行、慢行林荫路网和环网结合的立体绿道、

健身绿道系统，并承载海绵网、照明、智慧交通、通信等多种功能。

结合道路等级进行环境优化调整，创建 100% 步行林荫路，串联弹性场地空间。从道路尺度、树种选择、四季季相、配置方式等营造安全、舒适的林荫交通环境，将道路绿化融入行政办公区整体规划中，与城市生态绿道、风景带相连接，打造端庄大气的林荫路景观。

采用具有北京特色的乡土树种，如市树国槐、市花月季以及苍劲油松等，延续长安街等已建成道路的特色，结合植物季相变化，体现北京四季分明的景观特点，营造春花烂漫、夏荫浓密、秋色尽染、黛松映雪的四季景观。

四、结语

通过跨专业合作的创新一体化应用，统筹协调交通、环保、水利、能源等部门进行跨领域合作，使资源和环境得以高效利用，使绿色生态、低碳节能、舒适宜居得以最大限度地实现。

项目组成员名单
项目负责人：谢晓英　张琦　周欣萌
项目参加人：王翔　李萍　张元　段佳佳
　　　　　　张婷　王欣　刘晶　吴寅飞
　　　　　　李银泊　曲浩

中国传统文化元素融于城市综合体

——湖北武汉市光谷综合体景观工程

武汉市园林建筑规划设计研究院有限公司／田　边

提要： 借助亚洲最大综合体建设的契机，通过景观设计，使这一地标既能留下过去的城市记忆，又能够充分展现中国传统文化精髓和武汉日新月异的变化。

引言

项目位于武汉主城区与光谷综合体联系的重要通道。光谷综合体总建筑面积约 16 万 m²，最大开挖深度 34m，包含 3 条地铁和 2 条市政公路隧道，是亚洲最大综合体。地上景观设计面积约 8 万 m²，由核心转盘与周边地块组成。

项目周边城市道路、区域商业业态、地下公共空间等综合条件较为复杂，建筑风格迥异。如何利用景观设计手法将如此复杂的场地条件糅合统一，将光谷的文化、科技内涵融入其中，成为本项目的难点。

一、设计解读与重构

（一）场地结构的搭建

俯瞰光谷综合体是一个巨大的圆环，设计将武汉百湖之市、光谷科技之心的文化解构为水之涟漪与光之炫影，即水花溅起时的定格或光电之花的绚烂。设计以一个整体的"涟漪花瓣"构图，将周边建筑风格各异的住宅区、商业区、写字楼、教育科研用地等有机串联，使各地块产生了联系，形成统一（图 1）。

（二）传统文化的融入

景观设计中，按"一元、两仪、三才、五行、六合、九宫"布局，从中国传统文化中提炼相应景观元素，整合多个地块、从中找到"天、地、人"的和谐统一（图 2）。

"一元"，指整体上采用同心圆造型，将外径 300m 的综合体外缘与直径 160m 的中心环岛圆形广场契合，平面和竖向上富有变化的"星河"环状雕塑，将多个分散场地串联成一个整体。

"两仪"，将诸多设计元素解构为半环相扣，寓意互为阴阳，设置环状的灯带、艺术坐凳等景观小品设施。

图 1　设计解构
图 2　文化融入

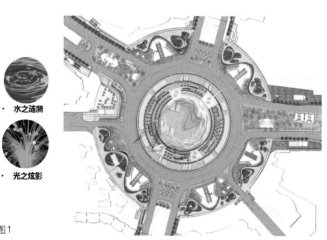

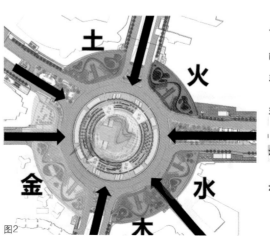

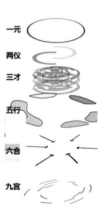

· 水之涟漪

· 光之炫影

一元
两仪
三才
五行
六合
九宫

土　火
金　水
木

图1　　　　　　　　　图2

"三才"，三类植物色系纵横交错，于中心环岛之中、"星河"雕塑之下，三色景观绿篱富有高低变化。

"五行"，周边广场采用五行主题，提炼相关元素打造细节景观，与地下车站相呼应，地上地下的公共景观达成一致。

"六合"，六条道路交会于中央环岛，景观设计上应进行延续、升华。

"九宫"，在中心环岛采用九色变幻灯光墙，在"星河"之下划出星轨，营造别具一格的环岛夜景。

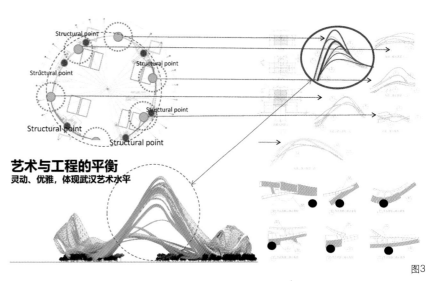

图3

二、设计创新亮点

（一）"星河"点亮光谷夜空

日月之行，若出其中。星河灿烂，若出其里。

位于光谷广场中心环岛上的地标"星河"，高34.5m，直径86.5m，将是国内最大体量的钢结构公共艺术品。"星河"造型提取了光谷广场原地面建筑"扬帆"的记忆，结合现场地块特征、城市印象以及光谷的科技特色，来展现光谷科技之美（图3）。

"星河"上下错落，与地面的6个连接点分别置于地下空间6根支柱上，部分绕开中心环岛采光天窗，与现状空间完美契合，大致形成门的造型，与黄鹤楼遥相呼应。

（二）五大文化主题区各有亮点

金、木、水、火、土五行，分别代表光谷广场附近的各种业态（图4）。

"金文化主题广场"，是原光谷地铁站2号线的主要人流出入口。该区域在以往的节假日中，经常成为人流拥堵点。在本次景观设计中，设计采用了空间留白的方式，以绿岛与广场铺装穿插，分隔出较大的人流通行空间与点状的林荫暂作停留的休憩空间。在景观小品的营造上，采用了金属草坪灯、金色锈板镶嵌曲形整石座椅等，与"金"主题相呼应。

"木文化主题区"位于光谷资本大厦前。木象征了生命，也预示着光谷金融资本生生不息，未来发展更好。本区采用了木质材料的小品元素，利用木格栅与弧形石凳相互结合，形成具有细节趣味的景观小品。

"水文化主题区"位于光谷步行街，设计延续了原有的水景。将"水"主题的纯净与灵动感，以不锈钢这种可灵活塑形的金属来打造细节。在广场上的绿岛中安置造型灵动的不锈钢艺术坐凳，

详细设计
DETAILED DESIGN

1、总平面图

① 地标雕塑
② 中心圆盘
③ 金主题文化区
④ 木主题文化区
⑤ 水主题文化区
⑥ 火主题文化区
⑦ 土主题文化区
⑧ 华美达停车场
⑨ 珞喻路西景观
⑩ 珞喻路东景观
⑪ 鲁磨路景观
⑫ 虎泉街景观
⑬ 民族大道景观

图4

在有一定挡土功能的整石坐凳中镶嵌镜面不锈钢板（图5）。

"火文化主题区"位于转盘东北角，靠近华中科技大学方向。以"火"温热、光明、升腾的形象，预示着教育科技事业不断进步发展。设计以红砖与灰色整石结合打造艺术矮墙坐凳，在由这些灵动的弧形坐凳分隔出的绿岛中，复原了"光谷广场"原有的科学家雕塑，延续了光谷记忆。

"土文化主题区"位于光谷国际广场前，设计利用陶土瓦片嵌入弧形石凳之中。

（三）特色种植设计

植物设计结构为"一心、五射、五片"，其中"一心"为中央景观转盘；"五射"为珞喻路（西）、珞喻路（东）、鲁磨路、虎泉街、民族大道；"五片"为五行之金、木、水、火、土广场。植物结合周边情况及多样复杂的建筑形式，整体以香樟、桂花、

图3　星河雕塑
图4　总平面图

图5

图6

图7

图8

榉树为骨干树种,形成统一的景观界面,以观花观叶的花灌木组团营造特色亮点。

"一心":受结构顶板影响较大,覆土严重不足,多处无法种植大乔木,仅能在局部覆土条件达到要求的区域种植乔木作为背景。前景利用丛生桂花、樱花等植物对"星河"进行烘托,以红枫作为背景,增加层次,增强视觉冲击力。

"五射":5条道路位于5个主题文化之间,道路种植特色延续原有街道和设计主景植被,相辅相成,和谐过渡。珞喻路(商业)毗邻高端商业区、呼应光谷时尚中心,选用较为规整的色叶乔木和常绿色块,中央分车带采用有韵律的弧形色块,以规则式的布局形式营造动感活力的时尚景观大道,打造具有韵律、层次、活力的植物绿廊;鲁磨路、民族大道和虎泉街(居住 + 教育)烘托生活、教育的文化氛围,延续道路原有植物景观,采用规则式的线行模式种植,打造舒适、线性、林荫的覆盖空间。

"五片":广场区域采取不同规格的榉树成组团种植,中、下层采取色叶及开花植物组团种植、花灌木搭配种植以及草坪3种种植形式,打造多元化、丰富的景观组团;出站口周边以香樟和桂花常绿树种为基调,中景以色叶植物进行点缀,下层布设长效混合花境。

在植物景观特色处理上,设计采用花境植物编号形式,并运用沼生木槿、矮生金光菊"金色风暴"、圆锥绣球、蜜糖草、桑托斯马鞭草、蓝霸鼠尾草、彩纹美人蕉、密花千屈菜等植物新品种从质感、色彩、植株高度、季相上布置花境景观,打造长效混合花境(图6)。

三、设计的社会效益价值

借助光谷综合体建设的契机,通过景观设计,将城市印象与光谷特色连接;将传统文化与现代科技碰撞;让过去与未来进行一次对话(图7)。

建成后的绿化景观空间,使之前的光谷转盘变成了"1+5"的格局,即1个中心环岛绿化加上5个主题地块绿岛。5个主题绿块分别是"金木水火土"5种色彩,使得市民在不同绿块中享受到不同的生态景观,也使生态绿地更均匀地分布于各出站口之间,更加优化了光谷综合体的生态环境(图8)。

光谷将成为地上地下、室内室外、功能布局、交通市政四维一体化的"立体城",并连通光谷五路两侧街区的地下层。项目建成后,将各种交通设施与开放空间顺畅连接,提升土地价值,展现了光谷片区的发展特色,塑造了科技之光的都市形象。设计以国际的视野审视未来,致力于打造最具特色的转盘枢纽景观,将光谷综合体打造成为区域的新名片和城市的新地标。

项目组成员名单
合作单位:中铁第四勘察设计院集团有限公司
　　　　　武汉市政工程设计研究院有限责任公司
项目负责人:杨　逸　田　边　石教马
项目参加人:季冬兰　熊　辉　杜秋萍　李茗柯
　　　　　　蒋静雯　王　亮

名门宅院的传承
——江苏沭阳胡家花园项目

南京市园林规划设计院有限责任公司／姜丛梅　崔恩斌

提要： 胡家花园项目通过名门宅院的传承，弘扬地方文化、发掘其文化价值、改善当地景观环境、营造地方旅游景点、提升城市品位并带动片区经济效益。

引言

本项目位于江苏省宿迁市沭阳县新河镇周圈村，史称"周圈花园"。明代嘉靖年间，由当地进士、抗葡英雄胡琏始建；清代康熙初年，胡琏后人再次扩建，修建亭台楼阁，广植奇花异草。设计中将其命名为"胡家花园"。

项目遵循"东宅、西苑"的传统布局，采用徽派建筑和清新淡雅的江南园林风格，符合历史考记。项目占地面积 23655m²，建筑面积约 2500m²，由小桥入东宅，曲折至厅、堂、屋、廊、轩、榭；移步西苑，景致别样，梅山楼阁、花溪荷塘形成了别具一格的特色景观（图1）。

一、项目思考

（一）地域文化

基于苏北独特的地理环境和历史条件，宿迁沭阳县一带逐渐形成了富有特色的地域文化，体现在花木文化、胡氏名人文化、园林风水文化3个方面。

1. 花木文化

新河镇被评为"花木之乡"，是江苏省面积最大的花卉种植基地。史料记载当地的"十二花神"分别是：一月梅花，二月杏花，三月桃花，四月牡丹，五月石榴，六月莲花，七月玉簪，八月桂花，九月菊花，十月芙蓉花，十一月山茶花，十二月水仙花。故在西苑设置祭拜花神的花神堂。

图1

图1　鸟瞰图

图 2 总平面图
图 3 整体景观照片

总平面图
景点分布
Scenic Spot Distribution

小池兼鹤净, 古木带蝉秋
蕉叶半黄荷叶碧, 两家秋雨一家声
听雨入秋竹, 留僧覆旧棋
柳浪接双亭, 荷风来四面
书后欲题三百颗, 洞庭须待满林霜
疏影横斜水清浅, 暗香浮动月黄昏
二龙戏珠妙手出, 卧牛望月匠心裁

① 照壁	⑱ 卧牛望月
② 牌坊	⑲ 小园香径
③ 枕流桥	⑳ 暗香阁
④ 古树	㉑ 花神堂
⑤ 双龙戏珠	㉒ 温室
⑥ 古木轩	㉓ 一峰独秀
⑦ 洗砚亭	㉔ 盆景制作
⑧ 听檐	㉕ 盆景展示
⑨ 戏台	㉖ 问梅榭
⑩ 清音阁	㉗ 御碑亭
⑪ 听雨轩	㉘ 落雁舫
⑫ 复棋水阁	㉙ 浣溪亭
⑬ 晚渡亭	㉚ 立雪堂
⑭ 曲桥	㉛ 大照壁
⑮ 爱莲斋	㉜ 洗砚池
⑯ 待霜亭	㉝ 学规碑廊
⑰ 揽月楼	

图2

图3

2. 胡氏名人文化

胡氏有着"一门三进士、淮海第一家"的美誉, 胡瑗的儿孙中先后出了3个进士、2个举人, 淮人为胡瑗一门立"黄甲传芳坊""青云接武坊", 以示旌表。

(二) 名宅研究

据记载"胡家花园"园内广植奇花异木, 素有"长淮名门第一"之称, 故将其建筑研究的地域范围限定于徽州及江浙地区。东宅传统的白墙黑瓦、高高的马头墙成为徽派建筑的代表特点; 西苑建筑因地制宜、随意赋形、造型复杂多变、丰富多彩且与自然环境相得益彰, 从而形成特有的"民居之美"。

二、设计详解

(一) 总体设计——东宅西园: 疏能跑马, 密不透风

在中国传统大宅院的建造中, 一般"宅"和

"园"是分开布局规划的。

在胡家花园设计中, "宅"的部分布局规整, 讲究秩序和等级, 强调伦理观念, 体现了传统儒家文化特色。在建筑布局上中轴对称, 主次有别, 层层推进, 建筑单体内敛而规整。"园"的部分与之相反, 布局轻松, 道法自然, 追求一种脱离现实世界的虚幻空间, 反映出传统道家文化的处世哲学, 体现了古代文人美学思想 (图2、图3)。

(二) 三大功能分区

(1) 胡氏文化体验区: 展示胡氏家族历史, 提供戏曲演艺平台, 兼具小型餐饮与后勤管理功能。

(2) 园林文化休闲区: 荟萃传统山水园美学特征, 具有观景游憩、盆景展览与茶饮会晤功能。

(3) 综合服务区: 具有游客接待与停车功能 (图4)。

(三) 七大景观分区

(1) 水满塘口: 体现徽州水口园林文化特色,

设置小桥、牌坊。

（2）胡氏家宅：再现胡氏徽派传统院落。

（3）荷风四面：体现夏景，为主景区，就势引水，形成坐北朝南的主厅"爱莲斋"，视野开阔。

（4）曲溪问梅：体现冬景，曲折的空间与主景形成对比，层次丰富，以梅花为主题（图5）。

（5）丛桂揽月：体现秋景，结合揽月楼设"卧牛望月"庭，以桂花为主题（图6）。

（6）柳浪晚渡：体现春景，以垂柳为主题，结合胡氏与吴承恩典故，设置芭蕉园。取自"沭阳八景"之"陈屯晚渡"。

（7）沭水渔舟：形成外围生态河岸，自然而野趣。取自"沭阳八景"之一（图4）。

图4　功能分区
图5　曲溪问梅
图6　丛桂揽月内庭
图7　胡宅立面图

图4

（四）建筑设计

胡氏家宅建筑采用徽派传统合院形式，两路三进布局，建筑以中轴线对称分列，中为厅堂，两侧为室。以砖、木、石为原料，建筑以木构架为主，外观洁净雅致，具有浓郁的自然气息与人文气质。粉墙黛瓦，高耸的马头墙鳞次栉比，富有韵律之美，建筑色彩素雅清爽。

借助游廊，使宅院与花园景致联系与沟通，相互渗透，融为一体。花园建筑小巧精致，多置水榭、花台、亭阁，游廊环绕，洞窗借景。以水面为中心布局，园内依水营建的亭、阁、轩、榭等建筑及建筑空间以水为衬托，比例层次关系协调（图7）。

图5

（五）景观设计

（1）总体维持原地形平坦的特征，营造微地形，凸显园林咫尺山林的意境。"南山"为土石山，相对高差2.4m，开阔临水，"中山"低缓，三面为建筑围合，私密宁静，"北山"隆起3m形成北部边界。建筑群落组合注重竖向变化，形成与植物呼应的起伏轮廓线。雨水自然汇入中心水体及南北水系。

（2）水体形态——引岔流河水入园，中心水面呈方形，环至东侧宅院前形成"玉带"。

（3）水岸形式——分为自然驳岸、黄石驳岸、平台驳岸以及建筑柱、墙临水驳岸。

（4）水质净化——构建水体原位生态系统，利用沉水植物及挺水植物发挥净化功能，放养锦鲤等滤食性鱼类和底栖动物，同时安装水质净化设备。

（5）镇园之宝"卧牛望月""二龙戏珠"与建筑院落相融合形成景点园林区域，以历史记载胡家

图6

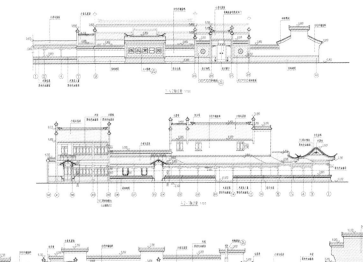

图7

图 8　落雁舫
图 9　暗香阁
图 10　进士桥

图8

图9

图10

花园"十二花神"花卉为特色；选择具有"雅、静、清、逸、飘"特质的植物种类，凸显植物文化。

（六）牌匾、楹联设计

胡家花园的宅园从总体格局、建筑形式上体现了胡家重教兴文、人才辈出、光耀门楣的文化特质，牌匾楹联反映了胡家重德、重学，颂扬德学。在园林中以景拟情，展现园林美景文化，如"园古逢秋好，楼空得月多""半波风雨半波晴，渔曲飘秋野调清""灯火娱清夜，风霜变早寒"等。

胡家花园中的匾额、楹联都是出自名宿大儒。正堂（三进堂）为胡宅核心，"学配中胜"为正堂之匾额，托物言志，体现胡家精神之所在。"灯火娱清夜，风霜变早寒"悬挂于待霜亭，选自陆游

《遣兴》，似园林的面部表情，提升格调、营造意境，使景观更具诗情画意，寓情于景。

三、后记

胡家花园复建达到了设计预期，深受游客赞赏，大家在游览中体悟文化、体悟景致。相信在沭阳人民的关心、呵护下，"淮海第一家"的形象、文化都将得以传承（图8~图10）。

项目组成员名单
项目负责：陈　伟　姜丛梅
项目参加人：李浩年　崔恩斌　陈　彪　樊　晓
　　　　　　燕　坤　郑　辛　陈　苹　苏雅茜

生态背景下的园林植物文化表达
——以北京通州运潮减河公园为例

北京创新景观园林设计有限责任公司／朱 堃

提要： 运潮减河公园项目从植物主题、植物文化、植物选择的维度，探索了通过园林植物文化传承地域文化和场所特性的设计方法。

一、项目概况

运潮减河位于通州东部，始于通州区五河汇交处，连接北运河与潮白河，全长约 11.5km，其中约 5.5km 经过北京行政办公区。减河公园位于北京市行政办公区北侧，运潮减河两岸，南岸约 7km，北岸约 2.2km，总面积约 55.5hm²，与副中心紧密相邻（图1）。

2017 年新版《北京城市总体规划》，要求突出副中心"水城共融、蓝绿交织、文化传承"的城市特色。减河公园位于副中心范围，利用河道沿线景观，营造城市文化气息，建设以绿色森林、文化氛围包围的行政办公区。

从运潮减河修建之初至今，河道及沿岸历经几次改造（图2），沿巡河道两排高大的毛白杨已有几十年树龄，成为减河的标志景观（图3）。但由于历次建设资金有限、定位较低，缺乏整体规划考量，公园的整体性、城市尺度的空间品质都需要提高。结合副中心建设的契机，项目对减河沿线绿地进行整合，统一规划景观节点，突出绿色、生态，结合新时代发展融合新技术，以植物造景突出传统中华民族的自然观、植物观，寓教于景，创造安静、休闲、生态美的绿色空间。运潮减河公园的建设以生态为向导，从植物的特色出发，探索了植物文化立意的景观营建方法。

二、规划设计要点

公园设计风格是以自然生态为主题的植物文化造景，突出"静、雅、绿、彩"的景观特色，

同时体现简洁、现代、有创意的景观文化。公园整体构架以强调植物文化为核心，构建"一河、两道、四段、十景"的新格局（图4），整体景观印象为"绿道夹碧水，杨柳伴长堤。茂林藏幽境，植物最动人"。

本次改造提升设计的红线范围主要为减河沿线的带状绿地，包括桃源幽境、茂林秋意、林中芳菲 3 段。根据每段风格主题，在带状空间内以园中园

图 1 项目区位图

图1

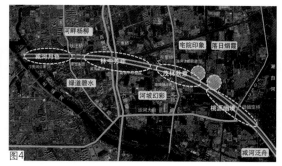

图2

图4

北岸   南岸

现状村子　堤路　减河（20.8m）现状50年洪水位　减河（19.6m）现状20年洪水位　绿道（21.0m）　滨河绿化　堤路（23.0m）

图3

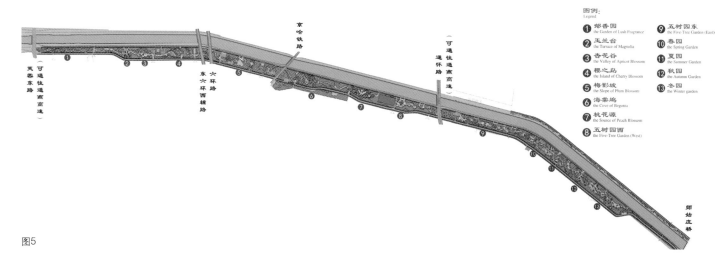

图例：
Legend

1 郁香园 the Garden of Lush Fragrance
2 玉兰台 the Terrace of Magnolia
3 杏花谷 the Valley of Apricot Blossom
4 樱之岛 the Island of Cherry Blossom
5 梅影坡 the Slope of Plum Blossom
6 海棠坞 the Cove of Begonia
7 桃花源 the Source of Peach Blossom
8 五树园西 the Five-Tree Garden (West)
9 五树园东 the Five-Tree Garden (East)
10 春园 the Spring Garden
11 夏园 the Summer Garden
12 秋园 the Autumn Garden
13 冬园 the Winter garden

图5

图6

图2 堤内现状林地
图3 减河及两岸绿地现状剖面
图4 景观规划结构图
图5 各主题园中园分布平面图
图6 "鱼跃龙门"叠水山石实景

的形式设置节点，间距300m左右，并延伸出相应的植物文化主题，形成以"四时、五树、六华"为主题的三区、十五园（图5）。

（一）以四季植物文化为主题的四时园

最能代表季节变换的莫属大自然中的物候，尤其是植物色彩、形态的变化。四时园以四季景物配合它们的故事，共同烘托四季氛围。

春园：通过春天的色彩，春天的树木花卉，营造出春天的美景。进入春园，春花似锦（灌木层）、杨柳飘飘（乔木层），嫩绿的草地、飞舞的蒲公英（地被层），沿着"如意"形状旱溪前行（春风如意），到达"鱼跃龙门"叠水山石（图6）和草绿色的春廊（图7），一幅春天的画卷在此展开。

夏园：穿过国槐树荫下的小路，仿佛一条流淌的小溪，缓缓流入心形的夏园广场。地上卵石铺成水纹，四周围合座椅和矮墙；夏亭色彩取自夏天荷叶的深绿色，景墙上的荷花，广场中央的洗心石（图8），寓意取自《爱莲说》，象征着清廉自洁。

秋园：秋季是色彩斑斓的季节，秋园周围种植各色秋叶树种，银杏、元宝枫、银红槭等。坐凳、树池、铺装结合了银杏叶和枫叶造型，橘黄色的秋廊点缀枫叶格栅（图9），造型新颖，与种植呼应，共同打造秋天的氛围。

冬园：北京的冬天虽然萧瑟，但也有独特的色彩。常绿树青翠，红瑞木红亮，梅花傲雪，搭配冰裂纹的铺地、象征冬天冰雪的雪花造型和六边形白色坐凳。并在冬园设计了阳光木平台，在寒冷的冬季为游客提供了晒太阳的场地。冬廊采用北京红和北京灰，在万物凋零的冬季点缀出一道亮丽的色彩。(图10)

（二）以乡土树木文化为主题的五树园

五树园展示了北京常见乡土植物，包括油松、银杏、国槐、榆树、楸树等。乡土植物在北京历经千百年的考验，是自然选择的结果。乡土树种是指本地区天然分布的树种或者已引种多年且在当地一直表现良好的外来树种。五树园以最常用的北京乡土树种为主题，并将其作为骨干树种和植物造景，介绍乡土树种在园林绿化中的生态优势，通过标牌、景墙、小品、亭廊等（图11~图13）辅助方式宣传其中蕴含的中国园林文化，体现了乡土树种在北

图7　春廊
图8　夏园洗心石
图9　秋叶元素
图10　冬廊色彩与植物呼应，冰裂纹与雪花铺地
图11　五树园实景
图12　十八槐一角

图7

图8

图9

图10

图11

图12

图 13　五树廊点题"五树园"

图13

京园林绿化中的重要性，以及乡土植物的生态价值、经济价值和园林价值。

（三）以特色花木文化为主题的六华园

六华园展示了北京常见的6种特色开花灌木，在河畔密林之中藏着以桃花、杏花、樱花、海棠、玉兰、梅花为主题的6个小花园，每一种花木都独具特色，每个小花园面积1~2hm²，间距300~500m，分别为玉兰台、杏花谷、樱之岛、梅影坡、海棠坞、桃花源，赏花的同时，以花喻人，赋予"君子比德"的思想。

三、植物文化设计要点

（一）以植物文化确定场所主题

地域文化是本地区长时期形成的特定文化现象，而乡土植物在本地区自然条件下适应性强，更能展现出地方景观特色。北京历史悠久、文化丰富，譬如都城文化、皇家文化等，选择乡土树种作为植物主题，是地域文化的体现与传承。

中华民族的自然观、植物观，有明显的东方特色。中国园林受到国学的哺育，对于园林中的各种植物，作出了"人格化"的比拟，以植物比德、比人生，赋予了植物哲学高度和诗情画意的境界，对于植物的形态、生态，尤其是精神境界的提升，使我们在欣赏植物时，不仅有形、色之美，更有精神象征与内在之美。以植物作为场所主题，是文化寓意与植物景观的巧妙融合。

植物的树形、树枝、树叶、花和果实，树木的风姿和色彩，以及四季的季相变化，都能给我们带来自然之美，以植物为题材创造风景，使人产生感动和激情，产生无限的遐想。六华园群花的绚烂，五树园园景树的姿态，四时园中草木的融枯，植物景观即是文化景观。

（二）基于现有林木，以树种选择烘托主题氛围

在减河公园约55hm²的绿地内，约保留现状树4500株（其中胸径>12cm的乔木约3000株）。此外，沿河道的现有杨柳大树数百株，已成为减河公园中标志性景观，树龄正值壮年期，可保留数十年。现状林已基本成林，新植苗木延续原有基调树种，以中、慢生树为主，营造可持续的"茂林"植物大景观。

在茂林之中，园中园节点根据植物文化主题确定选用的植物，植物选择需与主题理念相结合，通过丰富多样的植物种类反过来强调与渲染节点的植物文化，创造特色景观节点。春园以春花乔灌木为基调树种，选择多个品种的桃、李、樱、海棠、玉兰，同时在入口对景、核心区场地，选择春季发叶早的杨柳科树种作为点景，搭配具有春季特色的水杉、山茱萸等；秋园以品种丰富的秋叶、彩叶树种为基调，以新优品种（银红槭、彩叶豆梨）或姿态树作为入口点景，以乡土秋叶树种（元宝枫、银杏等）作为背景，同时配以观赏草烘托出秋季草木枯荣的氛围。

四、结语

运潮减河公园通过提升改造建设成为副中心办公区花园，实现了绿色惠民的目标。本项目探索了公园植物文化立意的新思路，从场地挖掘精神，从地域提炼特色，因地制宜地创造特色植物景观。

项目组成员名单

项目负责人：陈　雷

项目参加人：李林梅　吴晓舟　朱　堃　程　琦
　　　　　　王　雪　周乃仁　苑朋森　史　健
　　　　　　陈燕娜

迈向美好生活的历史街区更新实践

——北京核心区阜内大街改造

中国建筑设计研究院有限公司 ／ 贾　瀛　牧　泽　李　旸

提要： 该项目是首都核心区历史街区更新的先行实践，通过搭建多方联合共治平台，采用梳理、整合、清退、渗透等设计手法，从满足市民生活需求、提升幸福感出发，对历史街区进行整体保护、功能优化和精准微调，让老街焕发新活力。

一、项目概况

北京市西城区阜成门内大街，西起二环阜成门桥，东至西四路口，全长 1.4km，是首都核心区内一条已有 700 余年历史的老街。街道两旁的建筑和街巷里坊，如白塔寺片区、历代帝王庙、广济寺、果郡王府等，历经元、明、清、近现代的风雨洗礼，具有极高的文物保护及文化研究价值。

伴随着首都城市的高速发展，交通流量翻倍、人口激增、产业转型升级，老城街区原有的空间已经难以承载当代复杂多变的功能需求，生活体验变得越来越差。北京市和西城区政府提出"阜内大街整理复兴计划"，以保护和彰显古都风韵、提升人居环境品质、保持低维护条件下的良性发展为目标，开展街区更新探索实践。一期工程为阜成门桥—赵登禹路口段，全长 680m，于 2019 年顺利竣工。二期工程赵登禹路口—西四路口段（720m），计划 2022 年启动实施。

二、主要技术内容

（一）搭建开放共治的交流平台

街道是城市公共空间，使用需求复杂多样，是导致建成后产生管理矛盾的根源。阜内大街改造项目在启动初期便搭建起"街区联合共治平台"，由决策方（政府和专家团队）、实施方（协调单位和各参建单位）和使用方（产权单位和广大民众）共同组成，分为五大板块，可以在整个建设过程中保证各方之间信息的高效传达和交流互通（图1）。

图 1　街区联合共治平台

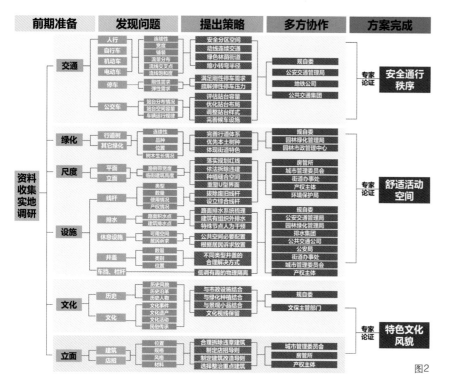

图2

134 | 风景园林师2022上
Landscape Architects

过共治平台与专家及主管单位进行协商。均衡各方意见后，最终得到有限条件下的最优解作为实施方案（图2）。

（三）创新设计手法，因地制宜制定更新方案

老城街区现状条件复杂且局限性很大，不同历史时期积累的问题叠加杂糅在一起，而现行标准规范多针对新建项目制定，承载了重要文化价值的首都核心区历史街区，不能简单地照搬套用、一拆了事，而应该尊重历史、实事求是、因地制宜地制定更新方案。为此，阜内一期改造项目在设计手法上进行了突破性尝试，具有首创性。

1. 优化配置机非空间

通过非机动车道局部内绕，调换路边临时停车区域和非机动车行驶区域的排布方式，保留医院门前必要的临停功能，避免交通动线的交叉，确保行人车辆各行其道、安全行驶，最大限度实现有限空间内功能的优化配置（图3）。

2. 多杆合一

利用"综合杆"整合街道必要的设施设备，减少对有限公共空间的占用。该项目实现了路灯、交管、城管、电车、公安、街道、公交等市区两级多产权主体管辖下的多种设施设备的整合，获得实用新型发明专利一项。目前"多杆合一"已成为城市更新的规定动作（图4）。

3. 退让公共空间

将严重挤占步道空间的院墙依据规划进行退让，大型变电箱迁入临街房屋，优先保障宽敞舒适的步道空间（图5、图6），这标志着城市更新理念由追求单一经济效益向社会综合效益的重大转变。

4. 突破界线渗透更新

与地铁运营公司合作，对地铁出站口周边环境

为此，特将阜内大街161号作为街区更新开放展厅，向来往群众宣传展示更新方案，社区居民与行人可随时参观，并对项目提出建议；同时向居民和行人发放问卷，收集意见。街道定期举办居民代表和临街单位代表座谈会，参建各方共同参会，听取意见。

（二）确立问题导向的治理路径

解决在城市发展过程中积累的各类问题，是首都核心区城市更新的一大目标。该项目以问题为导向，将现状问题按照交通、绿化、尺度、设施、文化、立面等进行分类整理，按照街道的功能定位和设计师的价值判断，针对性地制定解决方案，并通

图2　问题导向提出策略
图3　丰盛医院前非机动车道内绕

BEFORE

AFTER

图4

△ 腾退围墙，院子里的树变成行道树

△ 为避免刮伤行人，修剪多余部位，保留生长状态良好的树，并加强支撑点。

BEFORE
改造前

AFTER
改造后

腾退宽度 4000mm

腾退宽度 2700mm

改造后街道总宽度 5400mm

图5

BEFORE

AFTER

△ 大型变电设备严重挤占步道空间，为保障公共空间连续、通畅，西城区政府将2处大型变电设备迁移入临街门面房，腾退出宽敞舒适的步道空间和公共休息空间。

原变电箱入户后腾退出的公共休息空间

图6

图4 多杆合一
图5 占道院墙退让
图6 占道电箱入户

| 风景园林师2022上 | 135
Landscape Architects

进行整理。打破用地红线，拆除非必要围栏，释放边角、夹道空间，与周边环境渗透融合，一体化设计。腾退出新的安全疏散通道，杜绝进出站乘客因交通不畅违规穿越公交场站的现象。营造口袋公园和非机动车停车场等便民服务场所（图7）。

5. 注重边界处理

采用铺装变化、围护设施、绿化隔离等多元方式，优化完善空间的边界，对人和车辆的活动形成明晰、及时、有效而又友好的管控和指引，保障安全合理的骑行空间、步行空间和停放空间，

图 7　地铁站周边环境梳理
图 8　补植绿化，缝合 U 形界面
图 9　整合市政设施、市政功能，
　　　打造市政带

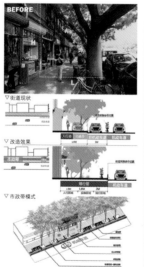

图7

图8

图9

提升绿视率，缝合 U 形界面，重塑街道尺度（图
8、图 9）。

　　6. 精准设置公交站点

　　设计人员通过蹲点记录公交车辆进出站频次，
掌握运营规律，以此为依据对距离过近、停靠车次
不饱和的相邻公交站点进行整合，减少公交车辆进
出站变道对交通的影响。提升站台环境品质，服务
候车乘客和站台管理人员（图10）。

　　7. 时光留痕

　　尊重并平等地看待历史的每一个阶段，特别是

图 10　公交并站，周边空间整体
　　　优化
图 11　去除不协调的元素，保留
　　　具有时代特征的演变痕迹

BEFORE　AFTER

公交车运营调研数据统计表

补植绿化，恢复街道 U 形界面　集中有序通过人行道穿行

软隔离增加绿量，规范行人乘车秩序

△ 通过蹲守统计，公交车站高峰时段最多三辆车同时进站，因此站台长度满足三辆车停靠需求即可。

图10

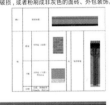

BEFORE　AFTER

保留传统垂花门头，修复与历史文化相符的檐口装饰，及彩绘。

▽ 根据建筑立面特征，按类进行深入研究，提出改造策略。复原现状风貌较好的檐口；保留所有现状实墙体、柱子；保留质量较好、成片的仿灰砖面砖。拆除破损，或者粉刷成非灰色的面砖、外包装饰。

图11

在对非文物建筑的整理过程中，避免按照某一时期的风格来定义街道，尽可能地将不同历史时期街道演变历程中有价值的风貌特征原真性地保留、传承下去（图11）。

三、主要创新点

（1）以高度的公众参与促进和谐街区建设。本项目是西城区践行"共享共建共治"理念并成功落地的代表项目。通过创造与大众平等对话、畅所欲言的沟通机制，充分调动和鼓舞了市民作为城市主人参与城市更新全过程的积极性，鼓励人民群众为公共环境建言献策，并取得良好效果。

（2）以巧妙的设计手法规范引导公共秩序。实践证明，巧妙的设计方法，确实可以有效管控人车的行进、车辆及设施的摆放以及公众的行为习惯，引导公共秩序在不增加管理成本的条件下，自觉向整洁、规范、有序发展。

（3）以优良的环境品质促进业态的转型升级。

该项目打破了旧有的通过经济补偿进行业态调整的单一模式。通过井然有序、整洁优雅的环境，主动吸引目标业态的集聚，给不匹配街区定位的业态发展造成阻碍，进而促进城市业态的自然演替和城市进化。

四、项目成效

（1）街道空间品质显著提升

阜内大街基本实现林荫步道连续畅通、行人车辆各行其道、无障碍设施全线可达、公共空间大范围拓展、配套服务设施进一步完善的设计愿景。据统计：改造前后，单株乔灌木数量由 116 株增长为 287 株（增加 147%），绿地面积由 0m² 增加至 1344m²，街道绿视率局部区段达到 50% 以上（提升 30%），线杆数量由 183 根减少至 55 根（减少 70%），新腾退公共空间 1263m²。新增加的公共空间多用于公共绿地建设，为未来街区功能的进一步升级预留发展空间（图12）。

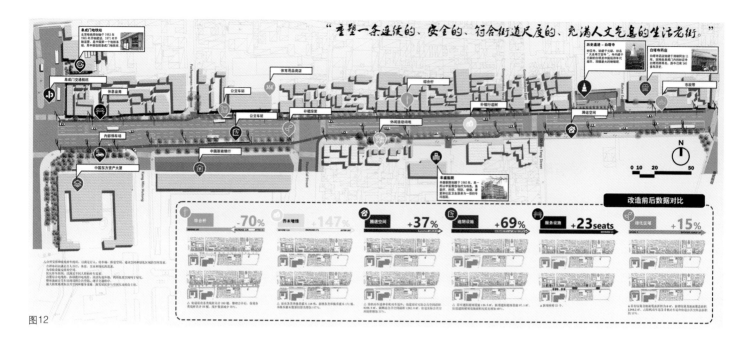

图12

图 12 已实施区段总平面图及实施前后数据对比

（2）管理实现低负担运维。建成后两年中，在管理成本较之前没有增加的情况下，建成效果与竣工验收时相比没有明显衰退，新栽大树更加郁郁葱葱。特别是街道秩序，已经能够按照初步设想，自觉得到维护，车辆、行人各行其道，设施摆放有序，交通事故率有所降低。

（3）示范引领作用明显。阜内大街一期已被作为典型案例录入北京市和西城区街道设计导则，该项目提出的很多设计手法，在 2020 年颁布的《首都核心区控制性详细规划》中获得了政策支持。

项目组成员名单

合作单位：北京华融金盈投资发展有限公司
　　　　　北京华清安地建筑设计有限公司

项目负责人：史丽秀　赵文斌　刘　环

项目参加人：贾　瀛　孙文浩　孙　昊　张文竹
　　　　　　牧　泽　齐石茗月　孔维一　陆　柳
　　　　　　曹　雷　李　甲

基于生态与人本的墓园规划设计探索

——以北京永安公墓规划设计为例

北京山水心源景观设计院有限公司／黄 静

提要： 随着城市化进程和人口老龄化时代的到来，对墓园需求量剧增；墓园生态化可持续发展的规划建设对我国土地资源合理利用有至关重要的作用。

一、项目背景

永安公墓是隶属于北京市通州区马驹桥镇的公益性公墓，地处马驹桥镇南部，总体占地面积约47220m²。其中已建成老墓区（一期）约17107m²，本次规划新墓区约30113m²。规划设计充分尊重并结合现状地形地貌，因地制宜，争取最大化的绿地面积和满足最大化安葬数量；统筹考虑绿色、生态、现代墓园的规划设计要求，做到生态、艺术与集约化的有效平衡。

二、规划思路

（一）规划理念

整体规划设计秉承"远看是公园、走进是花园、近看是墓园"的设计理念，以花园为基底、以安葬为目标，力求该项目成为满足殡葬功能和游憩功能相结合的多功能城市用地（图1）。

（二）规划原则

1. 节约土地，绿色环保，生态优先

墓园主要突出2个生态化特点，即环境生态化和安葬方式生态化。环境的生态化设计应因地制宜、减少资源浪费、节约环保，通过合理设计使墓园达到花木繁盛的绿色公园效果。安葬方式的生态化主要体现在：①既要保证安葬数量，又要节约土地资源，可采用立体安葬、树葬、花坛葬、草坪葬等多样化的方式，同时墓碑按照规范做到小型化。②采用可降解骨灰盒，保证土地循环利用。③逝者地上标志物结合园林环境设计，打破规则式成排成

行传统布置，结合树木穿插点缀自然式布置，充分和园林小品、雕塑结合，达到墓碑艺术化的效果。

2. 总体规划，分期实施，持续开发

墓园在总体规划之初就坚持统一合理的规划布局，在建设实施过程中循序渐进、逐步落实，为今后的可持续发展提供条件。

3. 突出园林景观特色

充分运用景观设计手法和要素，在表现墓园固有严肃、优雅氛围的同时，体现独特的园林景观，设计现场情景点，满足游客对园林景观的需求。

三、空间布局结构

墓园采用自然式与规则式相结合的方式，入口、场地、园路、植物布局疏密有致，营造记忆融入、休闲放松的空间氛围。规划形成一环、两区、三苑的空间布局结构（图2）。

图1 鸟瞰图

图1

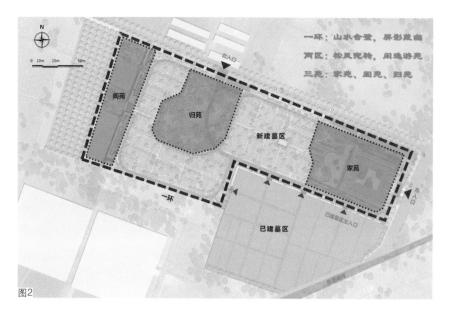
图2

图2 空间布局结构图
图3 实景照片——归苑
图4 家苑

一环（山水合璧，屏影藏幽）：借鉴中国传统园林的精髓，通过新中式园林的造景手法，充分利用墓园整体外围的围墙打造环形立体式壁葬，分为三个特色区域，科普教育区、新型家族壁葬区、山水艺术壁葬区；将壁葬功能与景观墙相结合，不仅解决了最大化安葬数量的要求，也再现了中国山水园林的传统文化。

两区（松风宛转，闲逸游苑）：新、老墓区统一规划，合理分区，老墓区现状为传统墓区，园内

松柏苍翠、曲径通幽；新墓区将打造一个休闲舒适、花木繁盛的环境。

三苑（家苑、归苑、阖苑）：分别位于墓园的东部、中部、西部，是全园的重要景观节点，也是阐释殡葬文化画龙点睛的核心区域。

四、设计要点

（一）功能分区

1. 核心展示区

即"归苑"，来于自然、归于自然，是墓园核心景点之一。《圣经》中说道："尘归尘，土归土；让往生者安宁，让在世者重获解脱"。整个公共空间动静相宜，犹如一个生命的轮回，既能满足人们悼念亲人时休憩、交流的需求，同时墓墙上关于生命与轮回的近现代诗歌及绯句，也能让人们更身临其境地感受到生命的意义。（图3）

2. 综合服务区

综合服务区是在现有建筑的基础上重新修缮，包括纪念堂、追思厅、业务接待厅、丧葬用品售后厅、指挥部、行政办公室、值班室、后勤、公厕、宿舍、厨房等。室外办公景观与家苑核心区融为一体，打造一处舒适宜人、生态幽静的花园式办公环境。

3. 礼仪展示区

即"家苑"，是墓园核心景点之一。设计借鉴"一池三山"中国传统园林的模式，强调"师法自然"的生态理念，主要景观元素提取"屋盖"的纹样，传承中国"家文化"的精髓。正所谓长屏画卷，雅致暮影，归家礼仪，宇内清谧，禅意悠悠（图4）。

4. 生态墓葬区

随着社会进步和文明的发展，人们对绿色殡葬的概念已经有了全新认知和理解。采用独立的可降解式生态环保墓葬区域，引入公益殡葬、绿色殡葬、文明殡葬的理念，逝者骨灰连同骨灰盒埋葬后完全降解融入泥土，降解之后2~3年土地可再重复使用。在弘扬传统孝道思想的同时，积极倡导殡葬文明新风，改变传统墓园压抑、沉重的气氛，将绿色殡葬园打造成环境宜人的人文环境（图5）。

5. 绿色墓葬区

随着节地绿色生态葬的推行，节地生态葬终将成为殡葬的主流方式。因此在此区域集中设计了大量能满足不同人群需求的多种类型"节地生态葬"：草坪葬、树葬、花坛葬、小型艺术葬及小部分高端艺术葬、高端景石葬等。

图3

图4

6. 科普展示区

结合节地生态葬廊葬、花坛葬设计科普教育展示基地，打造遗体捐赠纪念广场和革命烈士纪念广场；遗体捐赠纪念广场主题雕塑昭示着遗体、器官捐献志愿者们"浴火重生、留爱人间"的大爱精神；革命烈士纪念广场主题雕塑是由 10 面红色旗帜鲜明的碑体组成，寓意革命烈士精神永垂不朽（图6、图7）。

7. 艺术壁葬展示区

结合墓园围墙及老墓区基础条件，通过新中式的手法将中国山水园林的气质和精髓融为一体，围墙的功能不再单一化，同时还承担了满足安葬数量的壁葬要求（图8、图9）。

8. 传统墓葬区

即"阖苑"，是墓园景点之一。结合现状已建成的部分传统墓碑，设计几何形现代墙体，推出新型的家族壁葬，而壁葬外饰面以枝繁叶茂的树形为母体，形成了一个家族的标志，象征着子孙们簇拥在前辈的膝下，团结而美好，生生不息地传承着家族的血脉（图10）。

（二）交通组织

园区共设置四级道路系统，一级道路兼作消防通道，连接公墓 2 个主要入口，并与市政道路相接；二级道路（含办公通行路线）为公墓的主要通行路线，未来可用作电瓶车通行路线；三级道路人行路与公墓的一、二级道路相接，为墓区中主要的通行路线；四级墓间路与三级道路人行路相接，为祭扫的主要场所。

（三）竖向规划

设计将场地竖向排水作为专题研究，骨灰安置区以地表排水为主，标高高于骨灰安置区周边道路，避免骨灰安置区内积水。沿骨灰安置区周边道路均设置排水暗沟，与公墓围墙外的泄洪渠相连，雨水最终汇至风港减河。

（四）殡葬形式

为深化殡葬改革，节约资源、保护环境，民政部等九部门 2016 年 2 月 24 日联合发布《关于推行节地生态安葬的指导意见》推行节地生态葬，鼓励市民对逝去亲人的骨灰，采取树葬、壁葬、花葬、海撒、深埋等方式安葬，使安葬活动更好地促进人与自然和谐发展。

永安公墓墓园内墓葬形式丰富且能满足老百

图 5　生态墓葬区　　　　　图 7　革命烈士纪念广场
图 6　遗体捐赠广场　　　　图 8　实景照片——艺术壁葬

图 9　实景照片——艺术壁葬
图 10　家族壁葬

图10

图9

姓的不同需求，共设计有 14 种不同类型的墓葬（表 1）。

墓葬类型	表 1
高端	园林艺术墓、园林艺术墓、景石家族墓
中端	小型艺术墓、造型艺术墓
中端	草坪艺术墓、花坛葬、须弥葬、树葬
生态	柱状家族墓、墓墙面家族墓、壁葬、廊葬、自然葬

五、植物景观规划

植物配置注重植物的物质特性及其在中国传统文化中被赋予的文化意蕴。讲究意境的创造"借景生情"或"托物言志"的"君子比德"思想的体现。依托墓园的整体结构，结合点、线、面空间打造不同植物主题特色的四季景观效果。

一环科普教育区及山水壁葬区突出"百卉含英、竹苞松茂、万木葱茏"的特色，主要植物有日本樱花、国槐、造型松、早园竹、万寿菊、八仙花、牡丹、狼尾草、花叶芒、鼠尾草、冬青卫矛等。

家苑（古朴清幽），以造型树为主，丛生元宝枫搭配院内中央种植的多棵造型榆树，力求营造庄严肃穆的氛围。

归苑（玉棠富贵），选用不同美好寓意的植物互相搭配营造多层次的园林景观。骨干树种为富贵树雪松、元宝枫，开花乔木种植玉兰、海棠等名贵树种，香留人间。

阆苑（翠玉丹枫），阆苑绿地空间以开阔草坪为主，乔木种植五角枫和国槐，局部绿地种植早园竹。

结合场地空间、地形地貌采用乔灌草搭配的复层种植方式。考虑北方四季分明的季节因素，配植常绿植物作为四季背景，各个季节的特色植物交替作为主景，做到四季常绿、三季有花、步移景异的效果。

六、结语

墓园，逝者灵魂安息的地方，是城市园林的一种特殊存在形式，绿地系统的重要组成部分。生态墓园的发展正努力适应社会的变化，将中国传统的文化性、城市绿地的功能性以及景观生态性相结合成为墓园规划设计的趋势。墓园景观将在新内涵和新形势下发挥其生态、文化、教育、游憩等重要作用，在城市园林景观背景下创造更丰富的园林空间。

项目组成员名单
项目负责人：黄　静
项目参加人：陆　瑶　陈　超　谢　晶　刘　鹤

基于自然的解决方案

——云南洱海湖滨缓冲带生态修复及湿地工程

中水北方勘测设计研究有限责任公司、北京正和恒基滨水生态环境治理股份有限公司、华东建筑设计研究院有限公司、上海现代建筑装饰环境设计研究院有限公司／陈广琳　王雨晨　高　立

提要： 本项目通过洱海湖滨缓冲带的保护、生态恢复和生态湿地建设，重塑了健康、韧性的湖泊生态系统，探索了滨湖绿色空间的生态治理和生态价值实现机制。

一、项目背景

洱海地处云南省大理白族自治州境内，是云南省第二大高原湖泊，湖水面积约246km²，是苍山洱海国家级自然保护区的重要组成部分，具有独特的高原湖泊生态系统，是地球资源的宝藏、人类共同的财富。近年来随着洱海快速发展，出现了人进湖退的现象，农田、庄园、村庄扩建不断蚕食洱海，洱海湖滨带受到了较大的侵占和破坏，加之农业面源污染升级，洱海水体污染加剧，湖泊的环境承载力逐渐下降，蓝藻大规模暴发。

云南省和大理白族自治州持续推动洱海生态保护和环境治理。2017年初，大理开启洱海抢救模式，出台保护洱海"七大行动"，洱海环境治理从"一湖之治"转向"流域之治"。2018年5月，大理白族自治州人民政府发布了《大理市洱海生态环境保护"三线"划定方案》，同年，从提升湖泊生态系统稳定性和服务功能出发，启动"洱海流域湖滨缓冲带生态修复与湿地建设工程"项目，该项目旨在构建洱海流域净化体系中最后一道污染物拦截防线和洱海最重要的一道生态安全屏障。

本项目工程范围为环洱海129km，从1966m蓝线（湖区界限）向外延伸到红线（洱海水生态保护区核心区界线）范围，郊野段宽度100m，村庄段宽度15m，占地总面积约900hm²(1.35万亩)（图1）。

二、目标与思路

洱海湖滨缓冲带由于紧邻洱海水域，生态敏感性极高，因此洱海湖滨带的设计视角不同于以往印象中的"大工程"和"大改造"，而是重新审视自然的赠予，以洱海保护为根本出发点，从流域角度系统地剖析湖滨缓冲带亟待解决的关键问题，采用"基于自然的解决方案（NbS）"为核心理念，将洱海湖滨缓冲带恢复到自然韧性的状态。多样栖息地环境为当地小动物提供栖居的家园，生态湿地借助自然力量削减入湖污染负荷，自然演替的本土植物群落构筑一道碳汇长廊，健康湖泊生态系统在自然力的帮助下逐渐恢复。同时，低干扰服务系统为当地居民和游客提供一个低碳、生态的康养休闲、自然教育胜地，也体现了人类在持续学习和探索如何从对自然资源无序的开发和利用，逐渐转变到尊重自然、"与自然合作"的可持续发展模式，逐步形成健康良好的自然—经济—社会复合生态系统。

｜风景园林师2022上｜
Landscape Architects　143

图1　项目范围示意图

风景园林工程是理景造园所必备的技术措施和技艺手段。春秋时期的"十年树木"、秦汉时期的"一池三山"即属先贤例证。现代的竖向地形、山石理水、场地路桥、生物工程、水电灯信气热等工程均是常见的配套措施。

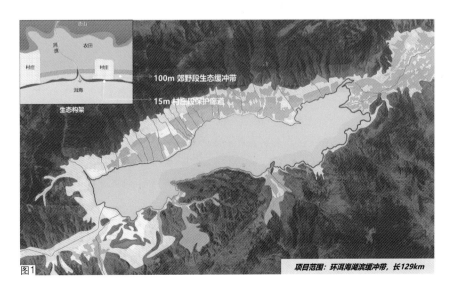

图1

项目范围：环洱海湖滨缓冲带，长129km

图2

三、设计策略

(一) 重塑湖岸自然空间

湖滨缓冲带属于洱海水生态保护区核心区,是洱海重要的生态保护膜,需形成一个韧性的自然基底和健康的蓝绿格局。通过调研同纬度其他高原湖泊湿地生态系统与洱海历史生态系统特征,重塑3∶7的蓝绿比以及绿地中6∶4的干湿比,构建

10 大类水陆栖息生境:湖滨滩地、湖滨林地、河口三角洲、生态水塘、溪流湿地、林下湿地、草甸湿地、缀花草甸、疏林草地、密林等,为当地涉禽、游禽、鸣禽、攀禽、猛禽等鸟类,两栖爬行动物、小型哺乳动物、蝴蝶等昆虫,鱼虾和底栖动物提供良好的觅食、休憩和繁殖场所,并逐渐恢复健康完整的食物链系统(图 2)。

(二) 构建健康湖泊生态系统

湿地净化系统是维持湖泊健康可持续的重要环节。根据场地地形地貌、水文、农业种植等现状因素,设计 7 种核心净化工艺单元(图 3),并依据上游来水水质、水量和季节因素,排列组合形成多种净化工艺。组合的湿地借助自然力量,通过土壤渗滤、植物吸收、微生物降解等自然作用消减入湖水体污染物质,强化对湖泊生态系统的维稳功能。

(三) 形成可持续生态系统

设计中预留让自然做功的空间,大大降低建设成本和后期运维费用。植物种植设计尊重自然演替策略,选用本土物种,合理设计初始种植密度,为后续植物的自然生长与演替留有足够空间。先期引入的物种促使土壤有机质自然形成,草、野花和其他植物丰富度逐渐提高,从而为动物提供多样的栖息环境。经过群落的自然演替,物种间的竞争使得生态系统趋于稳定,逐渐形成能够自我维护、抗干扰强、动态平衡的生态系统(图 4)。

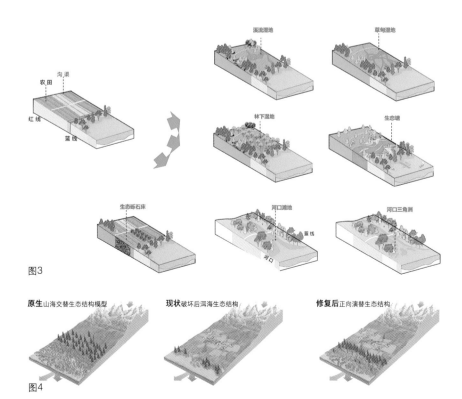

图3

图4

图 5 "一公里示范段"总平面图
图 6 "一公里示范段"实景航拍图
图 7 草甸湿地——冬季

PLAN

1 湖滨林地   6 绿地
2 生态净化区   7 生态岛
3 观澜—原点纪念林   8 生态塘
4 6~8m生态监测廊道   9 望山—一巷山林窗
5 草溟溪入海口湿地   10 驿站

图5

图6

图7

（四）增设低干扰服务系统

围绕自然的生态基底，以最小干扰为原则设置一条连续贯通的生态廊道，包括 4m 自行车道和 2m 步道。同时提供低干扰的基础服务设施和智慧服务系统，如生态驿站、共享单车、低影响照明、智慧跑道等，引领健康低碳的生活方式。

（五）保护洱海自然神圣遗产

通过线下自然教育、线上科普宣教等，呼吁人们保护环境，重视低碳可持续发展，并积极申请 IUCN 国际支持，守护洱海这个地球资源的宝藏、人类共同的财富。

四、典型节点设计与实施成果

（一）郊野段"一公里示范段"

湖滨缓冲带生态修复的示范段位于云南省大理市下关镇洱滨村段，是整个环洱海湖滨缓冲带项目的起点区域。示范段面积为 16.64hm²，秉承"基于自然的解决方案"这一核心理念，将被农田、客栈侵占的湖滨岸线修复为一个水体净化和生态复苏的自然湖滨岸带，为整个环洱海湖滨带的生态修复

提供技术样板（图 5~ 图 7）。

（二）郊野段三溪河口湿地

桃溪、梅溪、隐仙溪三溪之间历史上是一片河口滩地，在城市发展中被游乐庄园侵占。本工程恢复了自然的河口滩地生境，鸟类、两栖动物栖息地失而复得，生物多样性大幅提升（图 8~ 图 10）。

（三）村庄段湖岸生态修复

本着人退湖进、生态优先的原则，拆除村庄段蓝线外延 15m 范围线内的全部建筑，恢复洱海原有湖滨自然基底，洱海得以透透气；利用村庄边角等口袋空间，打造雨水花园，拦截净化村庄巷道雨水，减缓面源污染（图 11、图 12）。

五、综合效益

洱海湖滨缓冲带生态修复及湿地建设工程，有效和适应性地应对当今社会面临的挑战。铭记洱海保护的设计初衷，恢复了约 900hm² 自然湖滨缓冲带，洱海水质稳定靠近 II 类水质，当地动物多样性指数大幅提升，久违的清水指示性物种海菜花回归；同时，洱海生态廊道为当地居民和游客提供了

PLAN

1 阳光草坪　　　　5 洞天深处（湿地保护区）
2 缕月云开（观景廊）6 雨水花园
3 生态湿地　　　　7 休憩驿站
4 山高水长（湿地保护区）

图8

图9

洱滨村

图10

洱滨村

图12

图11

亲近自然的机会，中小学自然教育活动迅速攀升，摄影爱好者和徒步者也出现井喷式增长；洱海边的居民有在村头唱戏的习惯，廊道建成后，白族"山花体"伴随夕阳缭绕耳边，让白族文化得以传承，真正提高了人类福祉，最终达到人与自然和谐共生的可持续发展状态。

项目组成员名单

项目负责人：郭英卓　邢磊　杨凌晨

项目参加人：李晓雷　付震　廖先荣　苗飞虎
　　　　　　马腾　巩曙亮　应博华　王雨晨
　　　　　　贲景波

山体公园的生态修复设计初探

——以山东济南章丘区赭山公园为例

济南城建集团有限公司／谷　峰

提要： 赭山公园设计以生态修复为基础，着重对山体风貌再现、植物群落营造、景观节点设计等方面进行研究。

一、项目概况

（一）项目背景

济南市章丘区在城市总体规划中提出："实施生态环境提升行动，打造天蓝、地绿、泉美、水清的城乡环境，提升城市品质，增强区域竞争力"。按照总体规划"南部保护明山秀水、中部彰显泉水特色、北部打造田园风光"的功能定位，本项目位于"北部田园风光"区域内，对区域的生态基底打造具有至关重要的作用（图1）。

（二）项目区位及规模

赭山位于章丘赭山片区中心位置，南临赭山前路，北临玉带河，东临赭山大道，西临滨湖路，总面积约 501hm²。山体区域破损严重，分为破损深坑区、严重破损区、一般破损区、垃圾堆积区、煤渣堆积区等类型，总破损区域面积约 180hm²。

二、项目设计问题与难点

（一）项目现状问题

现状用地以自然绿地为主，分布有村庄、厂房、农林地、陵园及少量水域，绿化覆盖率约为 42%，各类厂房厂区侵占山林用地现象严重。设计对山体地形地貌进行了软件分析，通过分析清晰可见山体高点分散在东、中、西3处，山体整体海拔较低、坡度较缓。高程最高点 154.5m，最低点 54m，高差约 100.5m。平均坡度约 8%；最小坡度 2.8%，最大坡度 13%。这对整体区域交通组织

和设计带来一定的设计难度。

（二）山体修复重难点分析

同时，设计对山体 2017 年现状地形图与 1998 年版地形图进行了比对分析，发现近 20 年山体遭到开采损坏严重，各类厂房建设侵占山体绿地现象严重。经现场踏勘，山体存在多处矿坑和陡崖，亟须修复并消除安全隐患。

（三）植被修复重点难点分析

由于长期采石、采矿，山体内的植被受损严重。除现状林地种植，破损区和村居厂房区均无系统的绿化栽植，开采后形成的矿场和矿坑均为裸岩。山体底部原有冲沟被填埋，无集中水源蓄存区域，除个别厂区和农户有自用地下井以外，整个山体无系统灌溉给水管道。

图 1　片区规划分析示意图

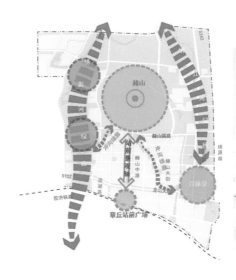

图1

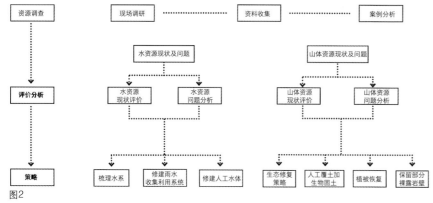

图2

图3

图2 设计流程图
图3 山体总体设计效果图
图4 矿坑修复做法示意图
图5 陡崖修复做法示意图

图4

图5

三、规划设计方案

（一）制定设计流程

基于山体公园规划设计的复杂性，制定了详尽的设计流程（图2），确保设计深度和广度符合工程要求。在现状调研的基础上，针对山体破损和植被情况分别提出相应对策并采取多种工程措施，最终实现山体的生态修复。

（二）生态优先，重塑格局

1. 重塑山水格局

梳理片区山水格局："山贵有脉，水贵有源，脉源贯通，全园生动"（图3）。对山体的生态修复，还原原有的山形山势，重塑"山之脉"；对周边水体系统的生态修复，引源导流，解决"水之源"，梳理整个项目的山水框架，有的放矢地进行生态修复。

2. 三山延绵一脉相承

依托章丘历史、人文文化，挖掘赭山地质地貌，融诗词文化、书画文化、棋茶文化于一体，将赭山打造为山东区域文化名山和特色山体地质公园，使其成为章丘新的名片。

3. 节约为本，山体修复

以生态修复、保护为核心，结合山地公园独特的自然地形地貌和用地格局，进行组团式的开发建设。合理安排各功能空间、组织各个功能系统，既要突出各功能区的特点，又要注重整体协调，提高功能区之间的相互支撑作用。

（1）矿坑修复——合理运用片区拆迁产生的建筑渣土进行回填，分层强夯，达到强度要求后覆土种植，整体形成梯田种植区，回填的种植土要进行微地形的处理，并进行压实，形成缓坡，以避免雨水冲刷造成种植土的流失（图4）。

（2）陡坡修复——对于明显凸出、失稳部位，进行击落，用电锤或风镐在凸出部位沿坡面钻出孔洞，然后用锤击落。对于明显凹进的地段，进行填补。为了达到植物遮挡破损面高程的需要，即将标高提高到设计预期标高，需要在破损立面前进行回填渣土并分层压实，压实系数不应低于90%，坡度不应超过30°，以满足边坡稳定安息角的要求（图5）。

（三）还原群落，植被修复

针对土壤瘠薄、坡度较大、水分缺失的特点，在植物选择中充分利用适应性较强的乡土树种，形成丰富的群落类型，增加物种多样性，创造独特的地带性植被景观，进而充分发挥植物群落的生态效益。先期栽植以乡土速生树种为主，栽植规格胸径4~6cm，整体改善山体生态环境，为后期自然植物群落形成提供栽植基础。

针对现状破坏严重的区域，利用增加客土、挂网喷播等方式创造良好的条件进行植被恢复，经过不断发展演替，最终形成稳定的生态群落。通过植被群落的修复，逐渐恢复整个山体物种的数量和质量，从而进一步增加野生物种如鸟类栖息的数量和种类，最终实现山体生态多样性（图6）。

（四）合理布局，系统协调

结合外部交通网络，依据山体等高线，充分利用现状山体曲径，合理布置游览路线，串联景点景区。采取顺应地形地势的机动车道设计，沿山体等高线进行规划布置，以减少对原始地形的破坏。主要功能区设计集中在机动车道附近，以便游客可以便捷地沿机动车道到达主要功能区。

主要的游览线路以慢行交通为主，慢行系统设计结合主要景观节点与开敞空间，与机动车交通分离，提供安全、舒适、富有特色的城市户外活动空间系统。

（五）自然积蓄，涵养水源

还原自然低洼地，营造自然积蓄条件。在冲沟上游设置蓄水湖面，沿山体设置截洪沟将山体雨水引至蓄水湖面。构建"源头收集""中途传输""末端储存"的海绵体系。利用原有低洼地水体，形成不同的滞留池，延长水体径流的线路，净化雨水山体径流。

同时结合工程措施，保障山体植物灌溉需求和景观需求。在朱各务水库、玉带河湖面位置引水泵站，将水提至山顶蓄水池，再经过灌溉管道至各修复种植区，并留足洒水栓口，采用移动喷灌或者人工喷灌，局部区域铺设微喷滴灌管道，综合解决山体植被修复区的灌溉问题（图7）。

（六）挖掘文化，景观提升

分析和研究场地周边甚至所在城市片区的历史文化和地域特色文化，将城市山地公园自然条件与地带性植物相结合，以充分反映区域综合环境特征与地方文化特色。利用当地人文资源打造具有特色的人文景观小品与设施，突出地域特征和深厚的文化内涵。

保留山体地质断层展示面，在保证安全观赏距离的情况下，打造地质景观展示教育区。靠近山脚城市道路附近以阔叶林为主，通过特色观赏植物的配置，突出季相变化，同时利用台地、砌石等方式分层设计来强化层叠的景观效果（图8）。

图6

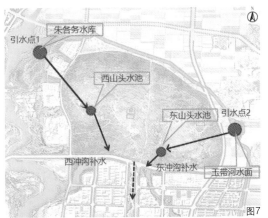

图7

图8

图6 山体植被修复后实景照片
图7 引水上山示意图
图8 山体公园入口实景效果图

四、结语

通过赭山山体公园的打造，推动了山体与城市景观的融合，使山体公园成为城市生态文明建设重要的组成部分。公园设计以生态修复为先，充分地发挥山体特色优势，发挥山与城的联动关系。针对山地地貌的自然特征、空间特点及空间属性，综合打造山地公园中的道路、视觉空间、植被、水系与文化景观。结合山体公园的使用和运营，应进一步研究节约开发与可持续发展的对策。

项目组成员名单
项目负责人：谷 峰 宋鑫鑫
项目参加人：冯爱云 王文秀 史守家 王 凡
　　　　　　刘 静 杜 斌 曾 宇

河北廊坊开发区道路景观综合改造提升

北京市园林古建设计研究院有限公司 / 王显红

提要： 本项目综合运用道路景观各项要素，因地制宜地进行系统性、针对性的更新改造和提升，打造"绿意盎然、花团锦簇、整洁有序、生机勃勃"的现代花园都市。

一、项目概况

河北廊坊经济开发区为国家级高新技术产业基地，规划总面积 67.5km²，已有道路 74 条。在京津冀一体化大背景下，城市道路景观形象已经跟不上时代需求。现状问题在宏观上为缺乏系统性，微观上主要有：绿化种植不合理、老化、缺损或郁闭严重；铺装破损严重；沿街面交通设施、导向标牌、公交站亭、各类广告、市政管线设备箱井、临街围墙栏杆、建筑外环境尤其是临街商铺立面、停车场等，基本处于各自为政的无序状态（图 1）。

本次改造是开发区建区 25 年来首次大规模、整体性的道路景观提升，旨在因地制宜地进行系统性、针对性的更新改造，打造"绿意盎然、花团锦簇、整洁有序、生机勃勃"的现代花园都市。本项目提升重点道路 10 条，已建长度 44.5km，改造区域 225hm²，其中绿地 87.5hm²。

二、景观规划编制要点

设计先行编制了《廊坊开发区道路景观总体规划》，指导各条道路的具体设计。总规将开发区的道路景观结构概括为"一心两轴、三廊五区、多带融多点"（图 2），搭建起开发区绿地系统的绿色网络；根据各条道路现状特点和建设条件，全局统筹，进行合理定性、科学定位。突出重点道路"一街一特色、一街一精品"。

总规系统性地对沿街面的景观要素进行了专

图 1 绿化粗放单一、广告无序、临街建筑环境落后
图 2 廊坊开发区道路景观结构示意图

图1

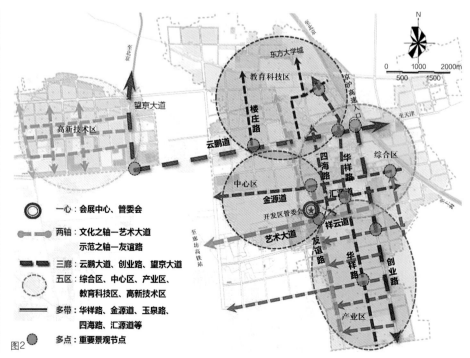

图2

一心：会展中心、管委会

两轴：文化之轴—艺术大道
示范之轴—友谊路

三廊：云鹏大道、创业路、望京大道

五区：综合区、中心区、产业区、
教育科技区、高新技术区

多带：华祥道、金源道、玉泉路、
四海路、汇源道等

多点：重要景观节点

友谊路实景：利用原有行道树樱花，打造特色鲜明、庄重典雅的核心区"示范之轴" 图3

金源道主路实景：提炼现状东段海棠特色，在路板不同的西段与其统一，营造浓重热烈的"花海大道" 图4

项规划，包括绿化、铺装、配套服务设施、艺术小品、标识系统、建筑外立面、夜景照明、绿地给水排水等各个方面。

这项工作提前统一了各方思想，避免了具体设计的局限性和后续阶段的反复。

三、道路景观改造提升要点

本次改造提升原则：全局统筹，突出特色；尊重现状，因地制宜；增彩延绿，绿树成荫；以人为本，安全舒适；生态优先，节约经济。总体设计风格简洁、大气、疏朗。

（一）突出植物造景，赋予植物景观文化特色，使道路绿化更具生命力

绿化是城市道路景观的重要界面，设计针对不同的路板形式和分区景观定位，制定了可操作的改造措施。首先满足道路绿化的安全防护、生态及美化功能。分车带种植形式简洁，路侧绿地结合外侧地块效果进行不同力度的改造，空间上以多层复合式植物群落为主，具体手段有：补、疏、移、换、修剪养护等。

其次结合每条道路的文脉渊源赋予其特定的文化内涵，用鲜明亮丽的植物文化名片给予市民深刻的印象。如友谊路"樱花大道"（图3），金源道"海棠大道"（图4），云鹏道"迎宾大道"。为突出云鹏道迎宾大道的景观标志性，利用主要路段18m宽的非机隔离带，延续银杏、油松形成的乔木骨架，在中、低层梳理原有花灌木组团，基部增加流线形色带。改造后车行视线开敞流畅，整体氛围大气热烈，颇具仪式感（图5）。

而在艺术大道，利用路侧绿地宽厚的杨林作为整条道路的绿色背景，同时增加微地形起伏，丰富彩叶树种，对中央分车带油松等植被进行了节奏整理，将路侧绿地与市级绿道连通，改造原有小广场

为现代艺术文化节点，最终形成大节奏、四季可游可观的一道风景绿廊（图6、图7）。

在华祥路，加强了路侧老化密闭空间植株的梳理，新建分车带突出种植节奏并注重季相，成为开发区贯穿南北的重要景观精品路（图8）。

绿化树种精选优良品种，打破以往单调局限，沿路绿带中使用的植物达60余种，集中绿地中使用的植物达百余种。

（二）临街建筑立面提升

对于临街商业、办公楼、厂房等不同建筑界面，根据总规对建筑风格和色调的分区要求进行改造。打破惯常"修修补补、绿化遮羞"的思路，宜

图3　友谊路俯瞰实景
图4　金源道东段主路实景
图5　云鹏道鸟瞰实景
图6　艺术大道总平面图及节点方案
图7　艺术大道南侧主路实景

云鹏道东段实景：设计简洁流畅，打造大气疏朗、富有仪式感的"迎宾大道" 图5

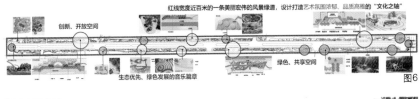

红线宽度近百米的一条美丽宏伟的风景绿道，设计打造艺术氛围浓郁、品质高雅的"文化之轴"

创新、开放空间

生态优先、绿色发展的音乐篇章

绿色、共享空间

图6

艺术大道主路实景：贯穿城市东西的百米廊道，绿化层次丰富，中央分车带采用造型油松组团，彰显品质高雅的"文化之轴" 图7

图8 华祥路辅路实景：梳理路侧老化密闭空间植株，保留国槐行道树，夏日送给路人一片荫凉

友谊路与金源道交口绿地实景：春天双花盛开，繁茂气势渲染核心区特色景观氛围 图10

图 8　华祥路辅路实景
图 9　建筑环境改造
图 10　改造后绿意盎然、花团锦簇的现代花园都市

挡则挡，宜露则露，展现不同路段的风貌。如友谊路东侧沿街商业，设计没有简单地一挡了之，而是迎难而上，不仅改造了临街立面和商铺招牌，还增加了楼体公益广告位，解决了停车难题。改造后临街店铺外环境整洁有序，建筑风格活泼新颖，形成时尚亮丽的商业氛围（图9）

（三）夜景照明

设计对全区的夜景照明进行了统筹规划，讲述"夜色中的新城故事"。融入地方文化和情感，增添活力与温情（图9）。设计对临街广场、绿地、重要节点、建筑（景观照明）、路灯等不同类型界面，统一控制协调投光类型、风格、照度和色温，制定了灯具选型原则，强调光、环境、建筑与人之间的共融。

（四）配套服务设施"以人为本"

设计除了关注车行、步行观赏视线的不同，还特别关注行人的功能需求，优化配套服务设施。在较宽的路侧绿地中开辟小型休息场地，增设公共卫生间及座凳，方便行人特别是老年人出行使用。全路网逐年进行无障碍升级，健全交通导向系统。创造条件应对老龄化，在细节上体现人本关怀，让城市更加温暖。

（五）多手段增绿

城市道路沿街用地寸土寸金，绿地成为被侵占对象。然而它又是城市绿地系统中带状网络的主要部分，生态作用和景观效益不可替代。设计在建成区道路绿地薄弱地带创造条件打通断网地带，在甲方的大力协助下，一方发力、多方合力，确保"绿不断链"，提升绿地综合效能。例如：

（1）推广拆墙见绿（或通透、低矮化），打破人为"红线"制约，借景使院内外绿化融为一体。

（2）对于条件十分有限的路段，尽可能地采取立体绿化方式，向空间要绿量。

（3）提升绿地使用效能，例如利用艺术大道路侧绿带有利条件打通市级绿道开发区段，大大提升了地块价值。

（六）坚持低碳低影响建设，推广新技术、新材料，体现生态、适用、安全、可持续发展原则

设计全过程尊重原有生态环境条件，尽可能"轻改造"，杜绝大拆大建。如现状植被及拆除的废旧建材多措施再利用，特别保留长势良好的大树；推广绿色环保施工理念，如基础垫层尽可能用级配砂石等；不使用过大规格苗木及豪华建材等等。这些都体现了尊重自然、低碳节约、资源循环再利用的环保理念。

广泛采用园林绿化行业的先进技术和材料，大力推广运用生态智能、环保节能设计，促进智慧城区建设。如太阳能公交站亭、智慧公交站牌、节水集水型绿地、透水铺装以及精准灌溉、绿色照明系统等。

采用健全的导向系统与人性化的配套设施，合理地运用新技术、新材料，通过精心的细节处理，使城市景观更加整洁、美观、智慧、有序。

四、实施成效与思考

经过前后三年多的潜心改造设计及施工配合，营造了丰富的道路景观，大力提升了城市形象（图10）。2019年开发区绿地率提升到47.46%，绿化覆盖率达到48.59%，有力推动了廊坊市获得"国家森林城市"和"中国领军智慧城区"双称号。目前开发区已全方位构建起绿量丰满、层次丰富、林荫匝地的绿化体系。

通过该项目前后4年的设计服务，再一次感受到过程中每一个环节的重要，每一个对的想法从产生到实施都需要设计师的投入、自信与坚持，这样才能打动上下游，合力把项目做到最优。

项目组成员名单

项目负责人：王显红

项目参加人：韦晓舫　田 英　朱凯元　李 科
　　　　　　夏 昱　付松涛

广东深圳宝安大道道路品质综合提升工程

深圳市城市交通规划设计研究中心股份有限公司／程智鹏　张文杰

提要： 从道路到街道的转型发展，推动建设开放便捷、尺度适宜、配套完善、邻里和谐的宜居街区。

一、项目背景

宝安大道作为深圳市宝安区的门户大道，着重展示宝安区城市新风貌，改善市民日常出行舒适性及幸福感。

二、项目范围

本项目位于宝安中心区，项目全长 3.2km，改造面积 326745m²，总投资额 5.4 亿。其中，宝安大道段从裕安一路到新城联检站，约 1.9km，红线范围 100m。创业一路段从新湖路到翻身路路口，约 1.3km，红线范围 80m。

改造前现状路面存在龟裂、铺装破碎、设施老化等现象，整体景观品质不佳，慢行不畅，机非杂乱，无法为市民提供安全舒适的通行环境；长期闲置用地绿化植被散乱、杂草丛生，无法发挥应有功能（图 1）。

三、设计思路

（一）设计理念

项目由传统的"以车为本"的理念，转变为"以人为本"的设计。首次提出打造满足市民使用需求的全要素"U"形完整街道的设计理念，依托交通、城市、景观和智慧"四个设计"融合，通过"道路红线、绿地控制线、建筑控制线"三线融合整体设计，将原本独立的道路空间改造为整体的城市公共空间（图 2）。

对道路及其两侧建筑所构成的 U 形空间组成

要素进行全面提升，包括了空间资源重新分配、公共活动空间提升、慢行系统提升、绿化景观重塑、家族化的家具设计、交通组织优化、公交系统提升、智慧路口建设等，是多专业融合、整体统筹的提升项目。

（二）设计策略

标志性：打造 3.2km 的城市形象展示面。

生态性：拥有 46000m² 的公共绿地，支持城市蓄洪与雨水回用；6000 多株乔木，连通城市生态脉络；新增 50 种以上的植物种类，维护生物多样性。

图1

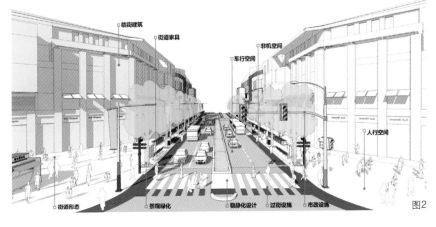

图2

图 1　现状照片
图 2　"U"形完整街道

连接性：实现路权分离，有机组织，人行、绿道、车行各行其道。

文化脉络：家族式的家具设计，打造城市文化脉络。

片区活力：串联60余个城市功能区，新增12000m² 的城市公共空间。

四、项目创新点

（一）首次设立全线非机动车独立路权

首次在宝安设立非机动车独立路权，设置全线贯通的非机动车道。从"关注车辆通行"向"关注人的出行"转变，为出行者提供一个公平的街道空间。利用反向公交站台置换慢行空间，路口规划非机动车过街专用道，打造非机动车零高差过街，提高慢行舒适性，做到人行、非机动车、机动车全线隔离，加强安全防护，实现路权分离，人行、绿道、车行各行其道（图4）。

（二）新型海绵模块满足生态海绵需求

本项目采用的生态多孔纤维棉是以优质玄武岩等纯天然矿物为主要材料制成的无毒、无污染、无菌的无机纤维材料，100%可循环利用，具有孔隙率大（≥94%）、容重小（75kg/m³）、吸水快（水力传导系数0.5cm/s）、承重高（抗压强度≥55kPa）、悬浮物颗粒去除率高（≥87%）等特点。可有效利用树池间隙的有限空间，埋设方式灵活，在不影响乔木种植生长的条件下有效提升项目年径流总量控制率（图5）。

（三）全市首个反向式公交站台，置换出强兼容性的慢行空间

反向公交站台：将传统公交站台反向设置，并取消广告位，采取全透明的大灯箱设计，方便乘客观察公交车到站情况，并能有效置换出慢行空间（图6）。

设置反向公交站台有两大优点：一是实现了道路人行空间和公交站台候车空间的空间共享，适用于慢行断面较窄的路段，可以有效缓解公交站台对慢行系统的空间挤压。二是提升了候车安全环境。反向布设的公交候车亭，把候车乘客与路面、车流分隔开来，有效保障乘客候车过程中的人身安全。

（四）首个工业级防撞柱路口，升级过街安全防护等级

本项目防撞柱采用《车辆防撞围栏用冲击试

图3　鸟瞰实景图
图4　全线贯通的慢行系统，路权分明
图5　预埋生态多孔纤维棉与建成实景
图6　反向公交站台

验规范》BS PAS 68—2010（英国规范），防撞柱柱芯采用 ϕ127×16mmQ355 钢管，每 5 根一组，每根防撞柱间距 1200mm。每组防撞柱采用 C25 钢筋混凝土整体基础，基础高 550mm、宽 550mm、长 7000mm。在每组最外侧 2 根防撞柱位置处设置支撑牛腿，支撑牛腿尺寸为 550mm×550mm×550mm（图 7）。

（五）宝安第一路口：综合信息智能管控系统保障路口人行过街安全

通过"智慧路段+智慧路口+综合管控中枢"的建设，全面提升宝安大道交通信息化水平，使道路交通管控水平、交通运输行业管理水平及信息服务能力得到显著提高，力争建成高度智能化、全面信息化的国家级城市智慧化示范路：

（1）智慧设施网络化布控，全面感知道路，预留未来技术接口。

（2）智慧科技变身智慧路口，提高通行效率，展现人文关怀。

（3）智慧管理平台升级大脑，多数据融合管控，提升多元服务价值。

（六）重塑城市生态绿脉，助力"世界著名花城"建设

以生态优先、尊重现状、引入新品种为提升理念，以"乔木+草坪+艺术微地形"为主，优化现有植物结构，建立疏朗通透的林荫花境。

将原本封闭的绿地空间打开形成可进入、可参与的公共绿地，改造后"释放"了 46000m² 的公共绿地，用于支持城市蓄洪与雨水回用；保留与种植乔木超过 6000 株，连通了城市生态脉络；增加 50 余种植物种类，维护生物多样性（图 8）。

五、结语

通过运用合理的技术手段，本项目有效地改善了宝安区的交通条件，提高了周边居民的生活质量。在确保城市排水防涝安全的前提下，最大限度地实现雨水在城市区域的积存、渗透和净化，促进雨水资源的利用和生态环境保护，形成具有代表性和示范性的道路生态景观（图 9）。

宝安大道每天约有 380000 人次出行，改造后通行效率平均提升 25%，串联了 60 个的城市功能

区，结合沿线小区出入口，增加 13 处口袋花园，成为市民喜闻乐见的打卡地。项目竣工后，频受周边居民好评。

项目组成员名单

项目负责人：程智鹏

项目参加人：罗慧男 张文杰 王志芳 欧阳靖源
邓丽丽 陈岚 曾赛霞 党超
王超

图 7 工业级防撞柱
图 8 生态绿化与物种多样性
图 9 生态绿轴

图7

图8

图9

基于地域文化的城市滨水景观创新

——以广东肇庆新区长利湖水系综合整治工程为例

广东省建筑设计研究院有限公司／古旋全　曾嘉莉

提要： 城市滨水空间的营造需要充分发挥地域文化特点，以体现项目内在的场地精神。本文以广东肇庆新区长利湖水系综合整治工程为例，探讨挖掘地域文化特质下城市滨水空间景观的创新性营造范式。

图 1　长利湖项目在肇庆新区的
　　　位置示意
图 2　项目总体效果，呼应"山
　　　水相融、湖在城中"的城
　　　市风貌

一、项目背景

广东肇庆是国家历史文化名城，是岭南文化和广府文化的发源地和兴盛地之一。肇庆新区位于肇庆市鼎湖区中部，凭山水意韵，承砚都文化，城市设计定位为"文治鼎湖、水墨砚都"，打造"山水相融、湖在城中"的总体风貌。

肇庆新区长利湖水系综合整治工程位于长利涌流经体育中心河段，处于肇庆新区水系的核心位置（图 1）。项目的建设承载展示城市形象、丰富市民休闲生活、改善城市生态环境等综合功能，塑造多元生态的城市公共滨水走廊，对高光新城中央景观轴线、展现地域文化特色有积极作用，对肇庆新城的建设实施具有重要意义（图 2）。

二、设计概况

长利湖项目与肇庆新区体育中心、喜来登酒店、湿地景观塔等重要景点为邻，场地基地面积 36.7hm²，景观设计面积 7.8hm²，是以景观工程为主导，结合多专业联动设计的大型综合性水利整治工程。

项目依据长利湖水体的自然形态划分南北两岸景观，整体设计布局灵动，以多彩流动的曲线与周边建筑、景观相互渗透（图 3）：南岸主要为沙滩泳场、泳场附属构筑及其他特色景观构筑，集运动休闲为一体；北岸为堤坝路及亲水栈道，串联游船码头、亲水平台等景点，是体育中心的自然延伸；两岸景观以两条人行廊桥进行连接，形成活力、生态的联系纽带。

三、设计理念

项目对肇庆本土独特文化符号、自然场景、乡土元素等加以提炼——以岭南传统端砚镌刻艺术、

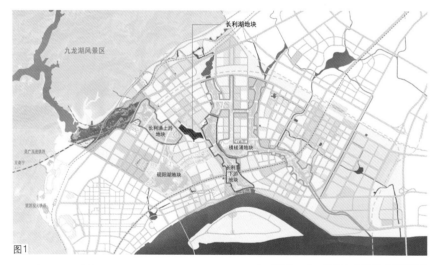

图1

图2

延绵起伏的山水线条、淡雅素洁的肇庆市花鸡蛋花形象等为设计灵感，通过创新的现代设计手法演绎"砚溪巧琢、花庆端州"的景观主题，弘扬肇庆本土文化魅力，塑造创新活力与自然生态结合的岭南艺术滨水走廊。

四、地域文化在项目中的表达和应用

（一）对独特文化符号的个性提炼

地域文化符号可作为与景观设计构图相融的表达，提炼出项目所在场地的文化并将其符号化，是展现场地精神的主要手法。作为中国四大名砚，端砚盛产于肇庆端州，一代代端砚匠人，把肇庆打造成中国砚都。在本项目中，沙滩泳场的设计以"水墨砚都"为灵感，提取肇庆端砚饱满、厚重的形态特征，体现浓厚的本土文化底蕴。

沙滩泳场总体构图为三个端砚形态的大型泳池有机排列，形成成人池、儿童池及戏水池三大功能分区。泳池主要以蓝色、紫色马赛克进行拼贴，采用深浅颜色变化的线型图案模拟砚台表面纹路效果，使泳池造型表现出肇庆端砚水墨流淌、温润细腻的特点（图4）。其次，沙滩泳场依托对岸肇庆新区体育中心、喜来登酒店、湿地景观塔等特色建筑背景，使泳场景观与周边环境高度契合，为游客带来创新性的运动休闲体验。

（二）对本土自然生态场景的意象提取

自然水土孕育了城市的萌芽和发展，对本土生态场景进行意象提取，可以对城市印象有更深的刻画。呼应肇庆山水连绵、奇石秀美、花香满城的城市印象，长利湖项目设置了多个被赋予本土自然特征的原创景观建/构筑物，强化对于地域文化和场地记忆的表达。

沙滩泳场配套用房造型提炼肇庆延绵不断的山水线条元素，形成起伏多变的建筑天际线。建筑立面材料以多维度的手法进行拼接，具有极其丰富的立面观赏效果（图5）。鸡蛋花是肇庆市花，是城市质朴清新的浓缩体现。建筑幕墙采用穿孔耐候钢板，幕墙设计从下往上开孔逐渐变大，并结合鸡蛋花镂空图案（图6），满足美观的同时保障室内通风采光。

生态卫生间以肇庆溶洞幽奇的特点为设计灵感，结合自然地形高差打造半地下结构，整体造型模仿本土溶洞山石形态，浑厚有力（图7）。绿植覆盖于建筑屋顶之上，局部突出地面，结合采光窗和百叶窗，达到自然通风与采光效果，节能环保。

卫生间立面幕墙为模数化设计的冰裂纹石材干挂墙面，并通过折面设计形成多维变化的外观，在阳光的照射下熠熠生辉。整栋建筑物仿若一块岩石镶嵌于草坡间，与周围环境浑然一体。

造型景观亭提炼鸡蛋花的绽放姿态，采用模数化钢构设计组装，以4~5组为单元有机组合，主

图3

图4

图5

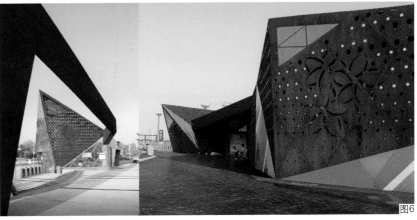

图6

图 7　生态卫生间半地下结构
　　　造型
图 8　造型景观亭提炼鸡蛋花
　　　绽放姿态
图 9　厘竹栏杆实现乡土材料
　　　的创新运用
图 10　装配式厘竹栏杆创新
　　　　性营造

图7

体涂装白色金属漆，顶部喷涂木色金属檩条，造型轻盈通透，使场地展面效果更加丰富。造型景观亭基部为休闲树池坐凳，内部种植乡土攀缘植物三角梅，为景观亭注入自然生命力，并反映新区开拓进取、奋勇向上的精神面貌（图8）。

（三）对乡土设计元素的创新应用

乡土设计元素来自当地乡土植物材料、民风民俗等范畴，蕴含当地特色内涵和地方精神。将这些具有象征性的元素赋予创新形式的演绎，能使本土文化永葆生命力。

厘竹又称茶杆竹，是肇庆怀集特产之一，具有杆型通直、材质坚韧、不易虫蛀的特点，常用于家具和雕刻工艺。在本项目中，设计将乡土材料融入场地，把厘竹应用于北岸亲水栈道的栏板装饰中，打造充满地域文化风情的特色景观（图9）。亲水栈道位于长利湖北岸沿线，全长1.2km，连接北岸多个景观节点。栈道设计以镀锌钢框架为主体，结合厘竹为栏板装饰，栏板部位可整体拆卸组装，形成特色装配式构件，既达到国家安全规范要求，也能满足厘竹定期更换的需要，实现功能与美观的统一（图10）。

图8

五、结语

城市滨水空间的景观设计是地域文化表达的绝佳载体。在景观设计中将地域文化融入场地，能为滨水空间增加底蕴和内涵，使项目形成具有标志性的地方特色景观。长利湖项目设计从总体空间布局到建构筑设计落地、细部节点与文化韵味雕琢、硬质与柔性、传承与营造等方面，均体现出对于广东肇庆悠久浓厚的地域文化、自然生态的延续与呼应。同时，项目中独特的建构筑造型设计，反映出原创景观作品的风格与魅力，具有突出的创新价值精神反映，恰到好处地体现出肇庆新区独有的朝气与内生活力。

图9

项目组成员名单
项目负责人：古旋全
项目参加人：李　蔚　罗嘉亮　曾嘉莉　王立君
　　　　　　潘吴伟　伍金辉　张永生　陈浩青
　　　　　　李景辉

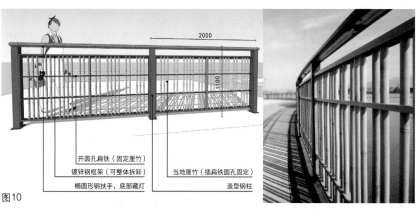

图10

开圆孔扁铁（固定厘竹）
镀锌钢框架（可整体拆卸）
椭圆形钢扶手，底部藏灯
当地厘竹（插扁铁圆孔固定）
造型钢柱

2000
1100